STEM教育丛书

MakeCode
与计算思维

陈杰 李岩 刘正云 主编

清华大学出版社
北 京

内 容 简 介

本书以 micro:bit 板为硬件载体，以 MakeCode 为编程软件，通过分析问题、设计算法、编写程序、解决问题 4 个步骤解决数学问题，在解决问题的过程中提升学生的计算思维能力。本书是一本零基础学习图形化编程的入门书籍，通过生动的语言、简单的拖曳完成程序的编写。本书力图拓展学生的视野，在知识的广度和深度上有所延伸，以学生学习中的数学问题和一些经典算法为导向，为广大小学生理解算法、编写程序提供了一种思路。

本书适用于小学 3 年级及以上刚接触编程的学生，可以作为校内选修课的课程内容，也可以作为校外培训机构的课程教材。

本书封面贴有清华大学出版社防伪标签，无标签者不得销售。
版权所有，侵权必究。举报：010-62782989，beiqinquan@tup.tsinghua.edu.cn。

图书在版编目（CIP）数据

MakeCode 与计算思维/陈杰，李岩，刘正云主编. —北京：清华大学出版社，2021.3
（STEM 教育丛书）
ISBN 978-7-302-56301-3

Ⅰ. ①M… Ⅱ. ①陈… ②李… ③刘… Ⅲ. ①可编程序计算器—程序设计 Ⅳ. ①TP323

中国版本图书馆 CIP 数据核字（2020）第 165415 号

责任编辑：王剑乔
封面设计：何凤霞
责任校对：袁　芳
责任印制：宋　林

出版发行：清华大学出版社
　　　网　　址：http://www.tup.com.cn，http://www.wqbook.com
　　　地　　址：北京清华大学学研大厦A座
　　　邮　　编：100084
　　　社 总 机：010-62770175
　　　邮　　购：010-62786544
　　　投稿与读者服务：010-62776969，c-service@tup.tsinghua.edu.cn
　　　质量反馈：010-62772015，zhiliang@tup.tsinghua.edu.cn
印 装 者：三河市龙大印装有限公司
经　　销：全国新华书店
开　　本：203mm×260mm　　印　张：8　　字　数：123千字
版　　次：2021年3月第1版　　印　次：2021年3月第1次印刷
定　　价：49.00元

产品编号：084266-01

丛书编委会

主　编：郑剑春

副主编：陈　杰　王克伟

编　委：（按拼音排序）

　　　　陈东北　郭伟俊　韩　磊　何仁添
　　　　黎　欣　李继东　李家亮　李志辉
　　　　梁毓伟　廖芳铭　刘秀凌　刘兆成
　　　　路国刚　孟德俊　邱　甜　邱政坤
　　　　唐大鹏　王永强　王振强　尉　福
　　　　吴福财　于　恺　于旭臣　张　策
　　　　张　纯　张　磊　张　勇　赵培恩

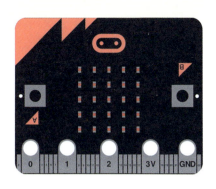

前　言

本书以编程的方式来解决数学问题，正是新课标计算思维的体现。本书案例大多来源于小学数学问题，也有来自信息学奥赛（全国青少年信息学奥林匹克竞赛）的案例。这里要郑重感谢南京师范大学附属中学树人学校的李岩主任和南通大学附属中学的刘正云老师，他们的加盟为本书顺利出版提供了有力的保障。

本书是一本入门的图形化编程书，它帮助学生通过编程来解决数学问题，继而达到培养学生计算思维能力的目的。

随着科技的发展，各国越来越重视青少年编程教育，全球不断涌现出优秀的青少年编程工具、编程语言和编程硬件。其中，micro:bit是由英国广播电视公司（BBC）为青少年编程教育设计和开发的一款电子编程板，它可采用图形化编程平台MakeCode进行编程。由于其软件使用简单方便，非常适合中小学生的入门编程教育。对于教师的教学，其软件门槛低，上手快，教学资源多。

2017年我第一次接触micro:bit，是因为接受了一个来自DFRobot的测评任务，从开始接触我就被它折服，不论是软件的模拟器，还是硬件设备的集成，都让我对它爱不释手。从此我对micro:bit的研究一发不可收拾。

那么该如何开展基于micro:bit的编程学习呢？有人以硬件为主线，因为micro:bit板本身集成了很多硬件资源。通过驱动硬件学习编程，这可能是当前的主流形式。而本书则以MakeCode软件学习为主，只选用硬件的部分功能作为基本的输入/输出（I/O）。

无论你周边的学习资源多么丰富，最终都要回到软件编程上，有些学生在基于硬件编程学习后，可能只会一些基本的 I/O 控制，而对于复杂的控制则知之甚少，是什么原因造成这样一种结果呢？我想还是对于软件编程掌握得不扎实，而培养学生的编程能力更侧重于算法思想的培养，这与新课标中计算思维的提出不谋而合。本书就是计算思维与编程的融合。希望通过对本书的学习，学生能够掌握编程并训练计算思维。

编　者

2021 年 1 月

目　录

第 1 课　准备工作　1
第 2 课　体感运算器　4
第 3 课　苹果数量问题　8
第 4 课　ASCII 码转换问题　13
第 5 课　玩转 LED 屏　20
第 6 课　数列求和　28
第 7 课　对折纸游戏　34
第 8 课　韩信点兵问题　38
第 9 课　种树问题　44
第 10 课　周长问题　54
第 11 课　图形的拼接　63
第 12 课　寻找丢失的数字　69

第 13 课　统计与排序　73
第 14 课　方阵问题　80
第 15 课　数阵问题　87
第 16 课　解析法解决问题　93
第 17 课　枚举法解决问题　99
第 18 课　迭代法解决问题——最大
　　　　　公约数和最小公倍数　105
第 19 课　ISBN 码问题　109
第 20 课　角谷猜想问题　112
第 21 课　国王的金币问题　116
参考文献　119

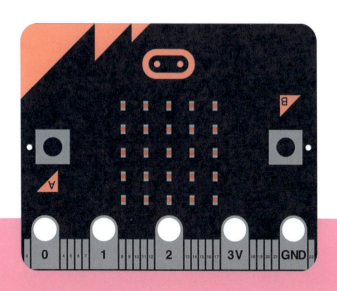

第1课 准备工作

1.1 认识 micro:bit

micro:bit 是一款由英国广播公司（BBC）推出的微型可编程计算机，如图 1-1 所示。micro:bit 的尺寸只有 4cm×5cm，采用 32 位 ARM Cortex 处理器供电，配有内置的 5×5 LED 矩阵显示屏，另外还有两个可编程按钮 A 和按钮 B，以及一个复位按钮 Reset，以便用户与游戏和程序进行交互。我们在 MakeCode 平台上编写好程序，可以下载到 micro:bit 中脱机运行。通过 USB 与计算机连接就可以实现数据传送。基于 micro:bit 的编程使用可视化、图形化方式完成并配以虚拟演示功能，非常适合小学生 STEM 项目使用。

图 1-1　micro:bit 前、后面板

1.2 连接 micro:bit

打开包装取出 micro:bit，找到随机附带的 USB 连接线，用 USB 线把 micro:bit 连接到计算机的 USB 接口上，如图 1-2 所示。

此时，打开计算机，在"我的电脑"（Windows 7 和 Windows 10 分别为"计算机"和"此电脑"）里会发现一个名为 MICROBIT 的盘符标志，如图 1-3 所示，我们在下载程序时会经常用到这个驱动器。

图 1-2　micro:bit 连接计算机

MakeCode与计算思维

图 1-3　micro:bit 主控板在计算机中的盘符标志

现在你可以开始自己的编程之旅了。

1.3　认识编程平台 MakeCode

登录网站 https://makecode.microbit.org/ 进入编程平台，如图 1-4 所示。

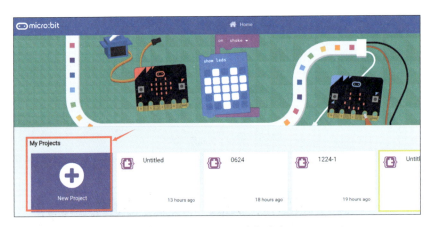

图 1-4　MakeCode 编程平台

（1）单击 New Project 按钮新建一个项目，进入编程界面，如图 1-5 所示。在网站页面的最左边是个模拟窗口，它可以模拟 micro:bit 的工作；中间部分是指令区，里面有编程需要用到的各种程序模块；最右边空白区域是脚本区，我们可以把指令拖曳到脚本区来编写程序。

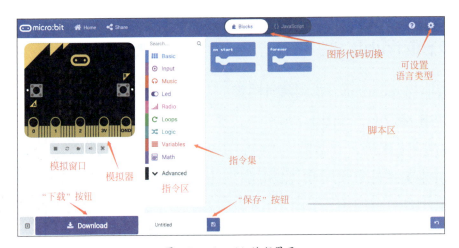

图 1-5　micro:bit 编程界面

2

（2）程序编写完成后，单击 Download 按钮，此时要保证 micro:bit 已经连接上计算机的 USB 接口，出现如图 1-6 所示提示界面，单击箭头所指按钮，即可将程序下载到 micro:bit 中。

图 1-6　micro:bit 下载程序

在程序下载的过程中，micro:bit 的背面指示灯会闪烁（切勿在未下载完时，从计算机中拔出）。例如下载一个显示爱心图标的程序，运行后的效果如图 1-7 所示。

图 1-7　micro:bit 运行效果

第 2 课　体感运算器

2.1　基础任务——计算器

电子计算器（见图 2-1）是能进行数学运算的手持电子机器，拥有集成电路芯片，可以将计算结果显示。其结构比计算机简单，相应功能也较弱，但较为方便与廉价，是必备的办公用品之一。

图 2-1　电子计算器

1. 分析问题

本任务是控制指定的两数进行加、减、乘、除运算。现实生活中的计算器可以通过按下按键来控制运算进行，本任务是通过左、右两个按钮和前、后倾斜两种体感来控制四种运算的执行，同时让运算结果在 LED 屏上显示。

2. 设计算法

输入两个数字，例如 5 和 5，当分别按下左、右按钮时进行加、减运算，当前、后倾斜时进行乘、除运算。

3. 编写程序

打开浏览器，登录地址 https://makecode.microbit.org，打开 MakeCode 编程界面，单击 New Project 按钮新建一个程序文档，进入编程界面。

> 【知识链接：程序结构】
>
> 计算机程序的基本结构通常有顺序结构、选择结构、循环结构三种，但是无论哪种程序结构，通常都由输入信息、处理信息和输出信息三部分组成。在 MakeCode 指令集 Basic 中选择指令 show number，该指令通常作为输出使用，可以输出数字和数值型表达式等。本任务中我们设定的输入值为 5；程序处理信息的部分为 +、−、×、÷ 这些运算符。

（1）展开 Basic 指令集，鼠标选中 show number 0 指令，并将其拖曳到编程区，该指令用于存放变量值或显示数值型程序运行的结果。

（2）展开 Math 指令集，鼠标选中 0 + 0 指令，并将其拖曳到 show number 0 指令的数字 0 的区域，使其粘合。再分别将加法运算指令左、右两边的数字改为 5。

（3）在上述组合指令上右击，选择 Duplicate 复制 3 条同样的指令，并将其运算符分别修改为 −、×、÷。

（4）展开 Input 指令集，鼠标选中 on button A pressed（按钮触发事件）和 on shake（晃动触发）指令，分别复制一次，再将相应的参数改为如图 2-2 所示的事件（从 on shake 下拉列表框中分别选择 on logo up 和 on logo down）。

（5）将第（3）步中的四条组合指令分别放入第（4）步中四种不同的事件触发中，使其粘合，如图 2-2 所示。

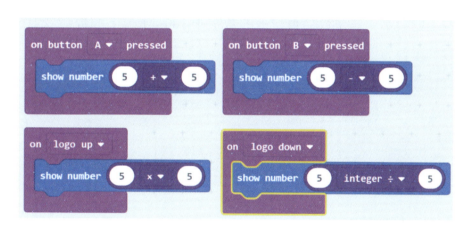

图 2-2　四则运算程序

4. 解决问题

MakeCode 中集成了模拟器，通过模拟器我们可以不用下载程序就能监测程序运行的结果。

通过模拟器测试：

（1）分别按下按钮 A 和按钮 B，程序显示结果是什么？

（2）将 micro:bit 主控板向上、向下倾斜，程序显示的结果是什么？

下载程序测试：将程序下载到 micro:bit 主控板里，分别按下按钮 A 和按钮 B，向上、向下倾斜，并记录程序 LED 屏上运行的结果。

MakeCode与计算思维

2.2 进阶任务——数字变换

有一个三位数456，请编程把它变换成654，并把结果输出到LED屏上。

1. 分析问题

通过读题，我们可以分析出是将三位数百位上的数字、十位上的数字和个位上的数字逆序输出，重新组成一个三位数。

思考：百位上的数字和三位数的百位是一回事吗？

2. 设计算法

由上述分析我们可以得到原三位数百位、十位、个位上的数字分别为

（1）百位上的数字=（三位数÷100）取整

（2）十位上的数字=[（三位数－百位上的数字×100）÷10]取整

（3）个位上的数字=三位数－百位上的数字×100－十位上的数字×10

新三位数的组合为

新三位数=个位上的数字×100+十位上的数字×10+百位上的数字

3. 编写程序

程序中，x代表原三位数，y代表逆序的三位数。x1、x2、x3分别代表百位、十位、个位上的数字，具体程序如图2-3所示。

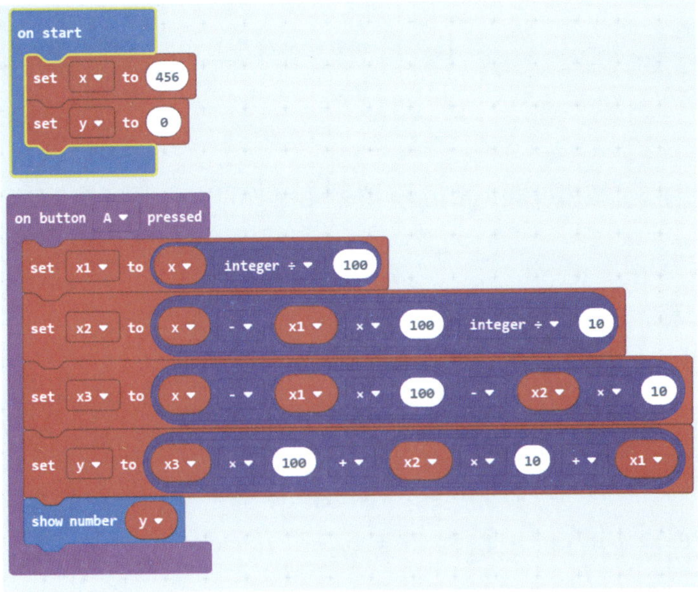

图2-3 数字变换

4. 解决问题

将上述程序下载到 micro:bit 主控板中，按下按钮 A，然后记录程序运行的结果。

【探索任务】

请你使用 MakeCode 编程工具，上机操作，求解表 2-1 所示四种运算的结果，并填入表 2-1 中。

表 2-1　四种不同的运算

运　算　式	结　　果	原 因 说 明
3.3 × 8		
3.3 integer× 8		
456 ÷ 100		
456 integer× 100		

第 3 课　苹果数量问题

3.1　基础任务——苹果的数量

甲、乙两盘中有苹果若干，甲盘有 9 个苹果，从乙盘拿出 3 个苹果放到甲盘中，乙盘还比甲盘多 2 个，乙盘有多少个苹果？见图 3-1。

在学习数学的过程中，我们常常会遇到上述问题，那么对于上述问题我们该如何用编程的方法来解决呢？

图 3-1　苹果数量问题

1. 分析问题

依据题意，我们建立数学模型，甲、乙两盘中苹果数量的状态变化如图 3-2 所示。

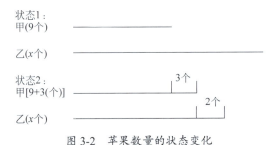

图 3-2　苹果数量的状态变化

通过状态图中甲、乙数量关系的对比，可以清晰地得出此时甲为 12 个，乙为 14 个，再把刚才给甲的 3 个拿回，可算得 14+3=17（个），最初乙盘有 17 个苹果。

聪明的小朋友已经把程序表达式编写出来了，如下所示。

乙盘原来的苹果数为 9+3+3+2（个）。

如果题目中数字更换了，那岂不是每次都要换数字，这样是很麻烦的，有没有简单的方法呢？

2. 设计算法

定义变量来编写程序，大家还记得第 2 课"进阶任务——数字转换"中，我们在解决三位数字逆序的问题时使用到的未知数吧，它们就是程序中的变量。

第3课 苹果数量问题

【知识链接：变量】

变量是用来存放数据，且在程序运行中其值可以变化的量。变量必须有个名字叫作变量名。通常变量名必须以字母开头，由字母、数字组成（变量名不要取MakeCode中的保留字）。

本任务我们将通过定义变量来解决问题，定义 a 为甲盘苹果的数量，定义 b 为乙盘苹果的数量，定义 c 为乙给甲的数量，定义 d 为给过以后乙比甲多的数量。由此我们可以得到公式：

$$b=a+c\times 2+d$$

3. 编写程序

（1）定义变量

展开 Variables 指令集，进入变量界面，单击 指令，打开"新建变量"对话框，如图 3-3 所示，输入变量名，单击 Ok 按钮完成变量的定义。

图 3-3　新建变量

同理，完成变量 b、c、d 的定义。再次展开 Variables 指令集，会出现我们刚才定义的变量，如图 3-4 所示，此时可以调用变量来编程了。

（2）程序的初始化

程序运行之前，要设置好相应的参数，变量赋值就是其中之一，本题中变量 a 的值为 9，c 的值为 3，d 的值为 2。鼠标拖曳赋值语句 ，将其放入模块 on start 中，并分别改变相应参数为 a、c、d 的赋值。如图 3-5 所示变量初始化。

图 3-4　变量定义

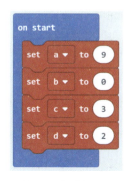

图 3-5　变量初始化

（3）编写表达式

依据表达式 $b=a+c\times2+d$，使用 Math 指令集中的指令搭建出运算表达式，这里有一个表达式的嵌套使用，具体操作如图 3-6 所示。

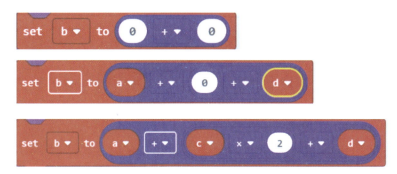

图 3-6 计算表达式的嵌套过程

（4）输出结果

展开 Basic 指令集，用鼠标从中拖曳 show number 语句，将变量 b 放入其中用于输出显示。完整的程序如图 3-7 所示。

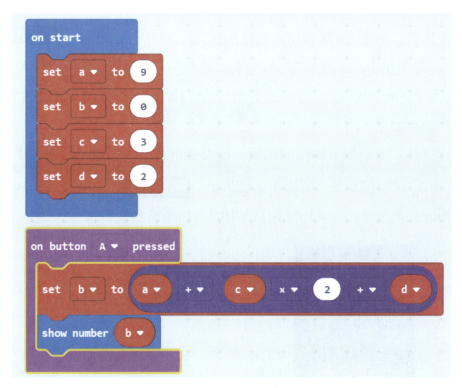

图 3-7 完整的程序

4. 解决问题

下载程序到 micro:bit 主控板，按下按钮 A，观看 LED 屏幕上的结果并记录。

思考：

（1）小虎有 18 张卡片，小强送给小虎 4 张后，两个人一样多。小强原来有几张？

（2）甲筐有 34 个苹果，从乙筐拿出 5 个放到甲筐，乙筐比甲筐少 2 个。原来乙筐有几个苹果？

3.2　进阶任务——计算货物数量

有甲、乙两堆货物，从乙堆货物中取出 5 包放到甲堆后，乙堆比甲堆少 2 包，问原来乙堆比甲堆多几包？

1. 分析问题

依据题意可以建立数学模型，甲堆、乙堆状态变化如图 3-8 所示。

图 3-8　甲、乙堆状态变化

通过状态图中数量关系的对比，可以清晰地得出此时甲堆比原来乙堆多的数量 $x=5-2$，再把刚才给甲堆的 5 包拿回，即可得到 3+5（包），最初乙堆比甲堆多 8 包。

2. 设计算法

本任务我们定义 a 为乙堆给甲堆的数量，定义 b 为给过乙堆后与甲堆的数量关系，定义 c 为乙堆比甲堆多的数量。由此可以得到：

$$c=2a-b$$

3. 编写程序

图 3-9 所示为完整的程序代码。

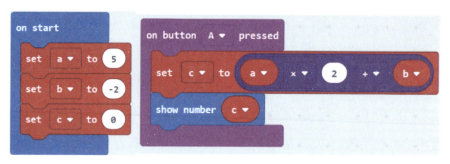

图 3-9 完整的程序

4. 解决问题

下载程序到 micro:bit 主控板，按下按钮 A 并记录结果，与笔算结果进行对比。

【探索任务】

请利用本课所学知识完成下列两题的编程求解。

（1）小芳送给王莹 6 颗珠子，小芳还比王莹多 4 颗，原来小芳比王莹多几颗？

（2）有两缸金鱼，从第二缸拿出 4 条金鱼放入第一缸，第一缸比第二缸多 1 条，原来第二缸比第一缸多几条？

第 4 课　ASCII 码转换问题

4.1　基础任务——ASCII 码

输入一个整数，当它为 65 时显示 A，当它为 66 时显示 B，当它为 67 时显示 C（见表 4-1）。其他数据显示字符串 Nothing。

表 4-1　ASCII 码表

编码	字符	编码	字符
64	@	96	`
65	A	97	a
66	B	98	b
67	C	99	c
68	D	100	d
69	E	101	e
70	F	102	f
71	G	103	g
72	H	104	h
73	I	105	i
74	J	106	j

上述描述的是计算机中的 ASCII 码问题。在计算机中，所有数据在存储和运算时都使用二进制数表示，但像 a、b、c、d 这样的字母（包括大写字母）以及一些常用的符号（例如 *、#、@ 等）在计算机中存储时也要使用二进制数表示。具体用哪些二进制数字表示哪个符号，通常每个人都可以约定自己的一套（这就叫编码），而大家如果要想互相通信且不混乱，就必须使用相同的编码规则，于是相关的标准化组织就制定了 ASCII 编码，统一规定了上述常用符号用哪些二进制数来表示。

1. 分析问题

对于上述问题我们可以描述为"当满足什么条件时，则执行什么动作；当不满足什么条件时，则不显示"的语句。

2. 设计算法

如果输入的初值为 65，那么在 LED 屏上显示字符 A。

如果输入的初值为 66，那么在 LED 屏上显示字符 B。

如果输入的初值为 67，那么在 LED 屏上显示字符 C。

如果输入的初值为以上三个数字以外的数字，那么在 LED 屏上显示字符串 NOTHING。

3. 编写程序

（1）定义变量 n 并赋初值为 65。

（2）展开 Logic 指令集，鼠标拖曳指令 到编程区，并设置条件 。

（3）展开 Basic 指令集，鼠标拖曳指令 放入 if 条件判断中，使其粘合，修改 Hello 为 A。

【知识链接：字符型数据】

show string 用于显示字符型数据类型，当需要显示字符或字符串时使用该指令。请与 show number 对比使用。

（4）单击 if 判断下的 + 按钮为程序添加多种分支，如图 4-1 所示。

（5）单击三次 + 按钮，可以创建如图 4-2 所示的程序框架，分别将后面两个 if 条件判断及 else 补充完整，如图 4-3 所示。

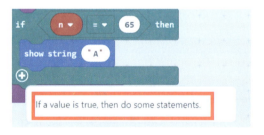

图 4-1　if 结构

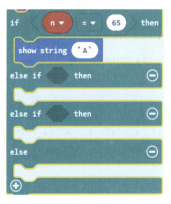

图 4-2　多重选择结构

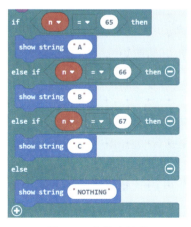

图 4-3　完整的程序

4. 解决问题

将 n 的值改为 66、67、68，分别下载程序到 micro:bit 主控板，测试结果如下。

输入 66，LED 屏幕上显示 __B__ 。

输入 67，LED 屏幕上显示 __C__ 。

输入 68，LED 屏幕上显示 __D__ 。

4.2 进阶任务——专家系统

人工智能领域的专家系统就是模拟专家的知识和经验来解决面临的问题。例如，通过输入四位二进制数来推断蛇、蜥蜴、鸡、猫四种动物的算法，其判断的依据是"冷血""有腿""羽毛""会飞"分别对应到一个四位二进制数的各数位上的数字（1 为是，0 为否）。

专家系统是一个智能计算机程序系统，其内部含有大量某领域专家水平的知识与经验，能够利用人类专家的知识和解决问题的方法来处理该领域问题。也就是说，专家系统是一个具有大量专业知识与经验的程序系统，它应用人工智能技术和计算机技术，根据某领域一个或多个专家提供的知识和经验进行推理和判断，模拟人类专家的决策过程，以便解决那些需要人类专家处理的复杂问题，简而言之，专家系统是一种模拟人类专家解决问题的计算机程序系统。

1. 分析问题

对于上述问题，我们可以将其描述为：输入一个四位二进制数，第一位到第四位分别对应"冷血""有腿""羽毛""会飞"。

> 【知识链接：二进制】
>
> 二进制是计算技术中广泛采用的一种数制。二进制数据是用 0 和 1 两个数来表示的数。它的基数为 2，进位规则是"逢二进一"，借位规则是"借一当二"。当前的计算机系统使用的基本上是二进制系统，数据在计算机中主要是以补码的形式存储的。计算机中的二进制则是一个非常微小的开关，用"开"表示 1，用"关"表示 0。

2. 设计算法

本任务的算法流程如图 4-4 所示。

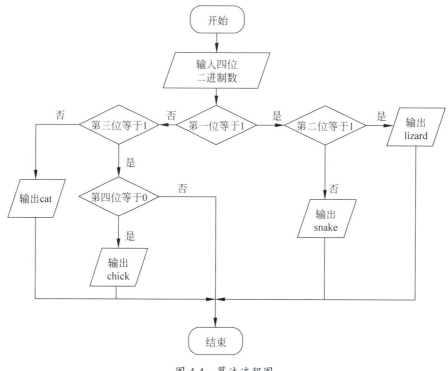

图 4-4　算法流程图

【知识链接：算法的描述】

描述算法的方法有自然语言、流程图、伪代码。自然语言是人们日常所用的语言，如汉语、英语、德语等。使用这些语言不用专门训练，描述算法也通俗易懂。流程图是用程序框图描述算法，使用流程图描述算法清晰简洁，容易表达程序结构。伪代码是介于自然语言和流程图之间的文字和符号描述算法的工具，它格式紧凑，易于理解，便于向计算机程序语言过渡。

3. 编写程序

（1）定义数据类型。本次编程中读取的是四位二进制数，我们将其定义为字符串类型。

如果将四位二进制数定义为数值型，是否可以呢？为什么？

如果定义数值型变量 n，直接输入数字为 1111 时，可以正常表达成四位二进制数，但是如果输入数字为 0001 时，会出现如图 4-5 所示的情况，由 0001 变为数字 1，无法表示成为四位二进制数。

（2）定义变量 n，展开 Text 指令集，鼠标拖曳指令 ，将其赋值为 1111。将字符串 1111 填入其中，如图 4-6 所示。

图 4-5　设置数字

图 4-6　程序初始化

（3）展开 Logic 指令集，鼠标拖曳指令 到编辑区，设置条件判断为读取四位二进制数第一位是否为 1，如果为 1，则满足条件。具体操作如下。

展开 Logic 指令集，鼠标拖曳指令 ⬤ = ⬤ ，将其放置于 中 true 位置上，修改等号右边的值为 1。展开 Text 指令集，拖曳指令 parse to number "123" 放置于上述指令等号左边，将指令中的 123 处替换成指令 char from ⬤ at ⬤ ，最后将定义的变量 n 填入其中，生成组合指令，如图 4-7 所示。

图 4-7　指令组合

【知识链接：字符运算】

指令 char from ⬤ at ⬤ ：取字符串中指定地址的字符，字符的起始地址为 0。

指令 parse to number "123" ：将字符串转换成数值数据。

所以上述条件判断为：取 n 所代表的字符串的第一位，将其转换成数值，如果等于 1，则满足条件，对应输出相应的动物名称。

（4）根据算法分析，可以得到的完整程序如图 4-8 所示。

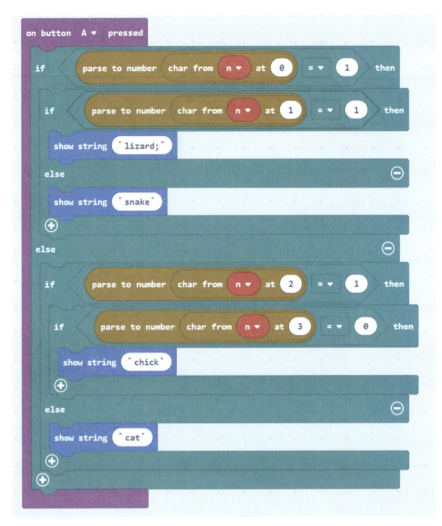

图 4-8 完整的程序

4. 解决问题

下载程序到 micro:bit 主控板，运行程序，改变初值，记录结果在表 4-2 中。

表 4-2 程序运行结果

序　号	数　值	结　果
1	0000	
2	0001	
3	0010	
4	0011	
5	0100	

续表

序　号	数　值	结　果
6	0101	
7	0111	
8	1000	
9	1001	
10	1010	
11	1011	

【探索任务】

在输入过程中，如果错误地输入了内容为 A001，会出现什么情况？该如何进行处理？

第 5 课　玩转 LED 屏

5.1　基础任务——流水灯效果

在现实生活中，我们经常看到景观灯上的流水灯效果，如图 5-1 所示。micro:bit 上有一个 5×5 的 LED 阵列，编写程序控制某一行 LED。

图 5-1　流水灯效果

1. 分析问题

通过观察，我们发现流水灯的效果实质上是对某一行 LED 依次点亮后熄灭，从而达到一次流水效果。但是无论是一行还是一列，对单个 LED 执行的动作都是相同的——点亮、熄灭。对于本任务中这种重复性的动作，我们可以通过循环来解决。

【知识链接：循环结构】

一些问题在解决的过程中要重复执行某些操作，才能得到结果。而这种重复执行某段指令，直到某个条件满足为止的程序，称为循环结构。重复执行的那段指令称为循环体，循环执行的次数定义为循环变量。

MakeCode 中提供了多种循环的方式，图 5-2 所示的循环结构为三种常见的循环格式，它们分别有自己的特点。

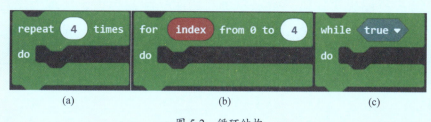

图 5-2 循环结构

图 5-2（a）为确定重复次数循环。

图 5-2（b）为计数循环，通过循环变量的计数来控制循环执行的次数。

图 5-2（c）为条件循环，通过设定的条件控制循环的执行。

本任务中我们已经明确知道循环的开始值和结束值，建议使用 for 循环结构。

2. 设计算法

本任务的算法流程如图 5-3 所示。

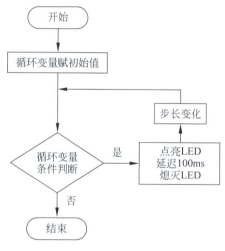

图 5-3 算法流程图

3. 编写程序

（1）定义变量 x 代表循环变量。

（2）点亮、熄灭 LED。展开 Led 指令集，找到其中的 plot x 0 y 0 和 unplot x 0 y 0 。它们分别表示点亮 LED 和熄灭 LED。但如果把两条指令连在一起运行，肉眼很难看到效果。为此，我们从 Basic 指令集中拖曳 pause (ms) 100 夹在两条指令之间。从而让 LED 亮起后，等一会儿再熄灭。图 5-4 所示为程序的循环体。

（3）本任务中我们想实现第一行从左到右依次亮起后熄灭，实现流水灯效果，实际上已经知道了循环的开始值和结束值，开始为行首0，结束为4。展开Loops指令集，鼠标拖曳指令  放置于编辑区，其中index为默认的循环变量，这里将默认循环变量index改为x。

（4）将上述两步中的程序合并，得到图5-5所示循环结构。

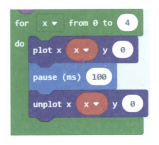

图5-4　循环体　　　　　　　　　　图5-5　for循环结构

（5）在其外层添加触发事件 。

4. 解决问题

下载程序到micro:bit主控板中，按下按钮A，观察流水灯的效果是否实现，注意观察流水的方向。

思考：如果要将5×5点阵屏正中心的LED点亮，我们应该修改语句坐标参数x、y（见图5-6）为多少？

图5-6　LED坐标

【知识链接：坐标系】

在一个平面上互相垂直且有公共原点的两条数轴构成平面直角坐标系，简称直角坐标系，如图5-7所示。通常，两条数轴分别置于水平位置与垂直位置，取向右和向上的方向分别为两条数轴的正方向。水平的数轴叫作x轴（x-axis）或横轴，垂直的数轴叫作y轴（y-axis）或纵轴，x轴、y轴统称为坐标轴，它们的公共原点O称为直角坐标系的原点（Origin），以点O为原点的平面直角坐标系，记作平面直角坐标系xOy。

注意：在micro:bit的LED点阵屏中，坐标原点在最左上角，取向右和向下的方向为x轴和y轴的正方向，如图5-8所示。

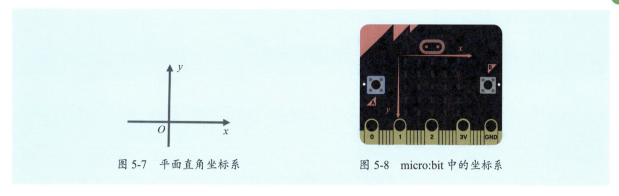

图 5-7 平面直角坐标系　　　　图 5-8 micro:bit 中的坐标系

5.2 进阶任务——逐行扫描

micro:bit 屏上有一个 5×5 的 LED 阵列，编程控制点阵屏上实现逐行扫描的效果。

1. 分析问题

逐行扫描实际上是对 5.1 节任务的拓展，在完成第一行的流水灯效果后，开始实现第二行的流水灯效果，依次进行，直至实现所有 LED 点亮、熄灭一次的效果。这个任务重复的动作不仅是对列上的 LED 进行循环点亮，还要对行上的 LED 进行循环点亮。

2. 设计算法

本任务的算法流程如图 5-9 所示。

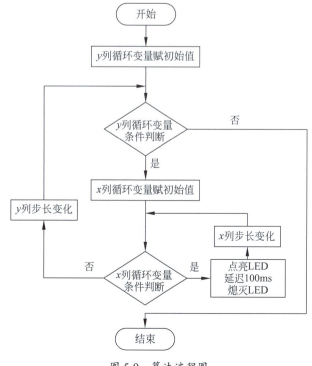

图 5-9 算法流程图

3. 编写程序

（1）定义变量 x、y 分别代表行和列的循环变量。

（2）循环体中点亮和熄灭 LED 的指令，需要将 x 坐标和 y 坐标用变量替换。

（3）展开 Loops 指令集，鼠标拖曳两条 for 循环指令到编程区，组合成循环嵌套的形式如图 5-10 所示。

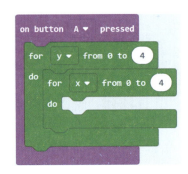

图 5-10　循环嵌套

【知识链接：循环嵌套】

for 循环嵌套就是一个外圈的 for 程序里面套着一个小的 for 程序。如果变量在指定范围内则执行运算，如果变量超出了指定范围则跳出等待。它们执行的顺序是，先执行外圈循环一次，等待里面的 for 循环运行完，然后继续执行外圈循环，依次执行。

4. 解决问题

下载程序到 micro:bit 主控板，按下按钮 A，测试 LED 是否实现了逐行扫描的效果。如果我们想要实现逐列扫描的效果，程序应如何修改呢？

5.3　挑战任务——转圈扫描

制作一个从原点（0，0）开始，沿着 micro:bit 点阵屏四边逆时针旋转一圈的流水灯效果。

1. 分析问题

从原点开始逆时针运行轨迹如图 5-11 所示，我们将其分为四段。1、2 段程序非常容易编写，因为循环变量值的变化与坐标值是同步。而 3、4 段程序编写就比较麻烦，因为循环变量值的变化与坐标值是不同步的，且 for 循环的起始值 0 无法修改。

第5课 玩转LED屏

图 5-11 程序运行效果

第 1、2 段正常使用循环结构就可以，注意为了使得第 1、2 段之间形成连续运行的效果，执行第 2 段循环时，y 的坐标应该修改为 4。

第 3 段代码是从坐标为（4，4）的点运行到坐标为（4，0）的点结束。变化的是 y 的坐标值，变化区间是从 4 到 0，正好和循环变量相反。如果我们能够构造一个表达式使其变化范围从 4 到 0，这样就可以实现 LED 从下向上流水的效果了。构造表达式为 $4-y$，这样随着 y 的增加，$4-y$ 由 4 变为 0。

同理，构造第 4 段循环变量的表达式。

2. 设计算法

第 1、2 段代码同上，这里不再赘述。

第 3 段代码的算法流程如图 5-12（a）所示。

第 4 段代码的算法流程如图 5-12（b）所示。

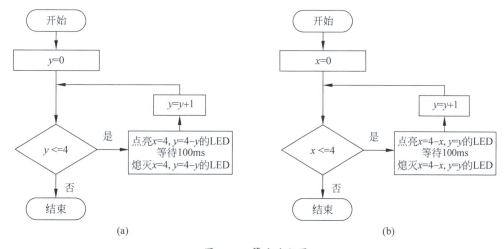

图 5-12 算法流程图

3. 编写程序

图 5-13 所示为本任务完整的程序。

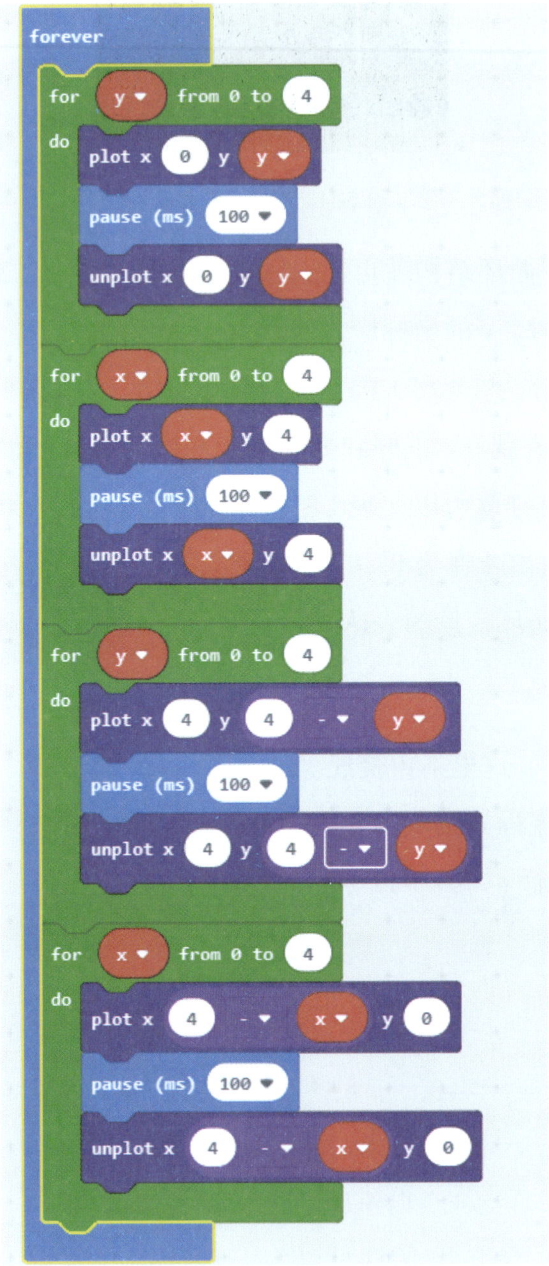

图 5-13　完整的程序

4. 解决问题

下载程序到 micro:bit 主控板，运行程序查看是否实现了 LED 逆时针沿四周流水灯的效果。

第5课 玩转LED屏

【探索任务】

本课已经使用循环程序结构完成了对LED的各种控制,请你开动脑筋,利用循环结构控制程序,制作图5-14所示的图案。

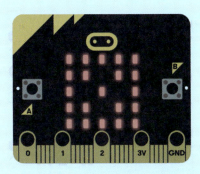

图 5-14 要制作的图案

第6课 数列求和

6.1 基础任务——数列求和

高斯是德国著名的科学家,如图6-1所示,较为人知的故事就是高斯10岁时,老师出了一道算术难题:计算1+2+3+…+100 = ?这下可难倒了刚学数学的小朋友们,他们按照题目的要求,正把数字一个一个地相加。可这时,却传来了高斯的声音:"老师,我已经算好了!"答案是5050。当年高斯使用配对法求和快速求出结果。小朋友们,你们能否使用计算机编程来解决这个问题呢?

图6-1 高斯

1. 分析问题

观察数列1+2+3+…+100,可以发现该数列是进行累加求和,且后一个数字都比前一个数字大1,也就是说,它们的差值是相等的。这让我们很容易想到第5课学习的for循环结构,已知循环的开始值和结束值,且步长相等。

> 【知识链接:等差数列】
>
> 等差数列是指从第二项起,每一项与它的前一项的差等于同一个常数的一种数列,常用A、P表示。这个常数叫作等差数列的公差,公差常用字母d表示。

定义变量s为求和变量且初值为0,定义n为循环变量,则累加的计算方法如下。

第1次:$n=1$,$s=s+n$,$s=0+1$

第2次:$n=2$,$s=s+n$,$s=1+2$

第3次:$n=3$,$s=s+n$,$s=3+3$

⋮

第100次:$n=100$,$s=s+n$,$s=4950+100$

由此,我们可以发现每次重复执行的语句都是$s=s+n$,这就是循环结构的循环体,由此我们可以确定该题的算法。

2. 设计算法

本任务的算法流程如图 6-2 所示。

3. 编写程序

（1）展开 Variables 指令集，鼠标拖曳指令 set s to 0 到编程区，如图 6-3 所示。

（2）展开 Math 指令集，鼠标拖曳指令"+"，构造表达式 $s=s+n$，如图 6-4 所示。

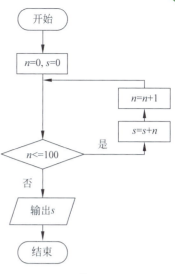

图 6-2　算法流程图

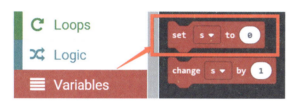

图 6-3　Variables 指令集

图 6-4　构造表达式 $s=s+n$

（3）完整的程序如图 6-5 所示。

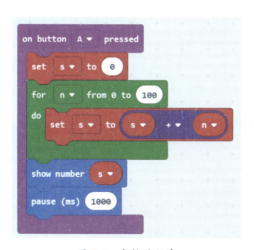

图 6-5　完整的程序

本任务已经知道循环变量的开始值和结束值，所以使用 for 循环来编程解决问题。不过有细心的同学发现一个问题：MakeCode 的 for 循环是从 0 开始的，而本任务的循环变量是从 1 开始的，这样编写是否对程序的运行结果有影响呢？

4. 解决问题

下载程序到 micro:bit 主控板，按下按钮 A 运行程序，测试结果是否为 5050。

6.2 进阶任务——偶数数列求和

求数列 2+4+8+…+100 的和。

1. 分析问题

该任务是求 100 以内偶数的和。观察数列 2+4+8+…+100，可以发现它们的差值是相等的，步长为 2，已经知道循环的开始值和结束值，符合 for 循环结构的条件。但 MakeCode 中 for 循环无法修改步长，所以需要换个思路：循环正常从 0 到 100 执行，但是只要其中的偶数，如果是偶数，则进行累加，所以判断偶数的条件是除以 2 余数为 0。

2. 设计算法

定义变量 s 为累加变量，定义 n 为循环变量。算法流程如图 6-6 所示。

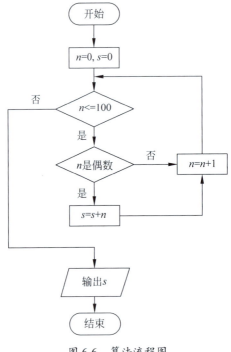

图 6-6　算法流程图

与 6.1 节的算法设计相比，本任务中多了一项对于偶数的判断。也就是说循环与 6.1 节的循环一样，但是只对偶数进行累加。

3. 编写程序

（1）本任务编程的关键在于对偶数的判断，在 Math 指令集中就有这样一条指令——取余函数，如图 6-7 所示。

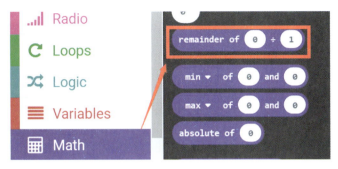

图 6-7 拖曳取余函数

该指令的作用是对除法算式取余数。例如 的结果就是 1，那么反过来如果取余的结果等于 0，就是偶数。因此，我们可以得到如图 6-8 所示的语句，用于判断是否为偶数。

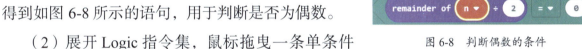

图 6-8 判断偶数的条件

（2）展开 Logic 指令集，鼠标拖曳一条单条件判断，将上述偶数判断条件放入其中，再添加循环体。

（3）完整的程序如图 6-9 所示。

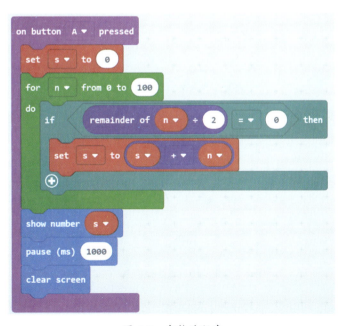

图 6-9 完整的程序

4. 解决问题

下载程序到 micro:bit 主控板，按下按钮 A 运行程序，记录程序运行结果。

6.3 挑战任务——交替 +、- 运算的数列求和

编程计算 1-2+3-4+⋯+99-100 的值。

1. 分析问题

观察数列 1-2+3-4+⋯+99-100，可以发现它们的奇数项是累加求和，偶数项前面带有减号，可以理解成累减，并且已知循环的开始值和结束值，符合 for 循环结构的条件。依据 6.2 节进阶任务的方法，我们可以将该数列进行如下处理：首先判断是否为偶数，如果是偶数，则循环体进行累减操作；如果是奇数，则循环体进行累加操作。

2. 设计算法

定义变量 s 为累加器，定义 n 为循环变量。算法流程如图 6-10 所示。

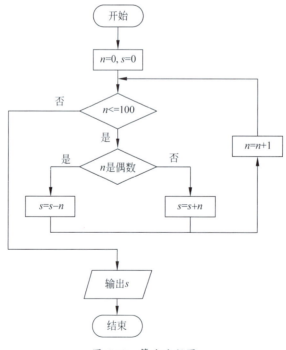

图 6-10 算法流程图

此算法执行循环并判断数字项是否为偶数，如果是偶数，则循环体执行 $s=s-n$；否则，循环体执行 $s=s+n$。

第6课　数列求和

3. 编写程序

完整的程序如图 6-11 所示。

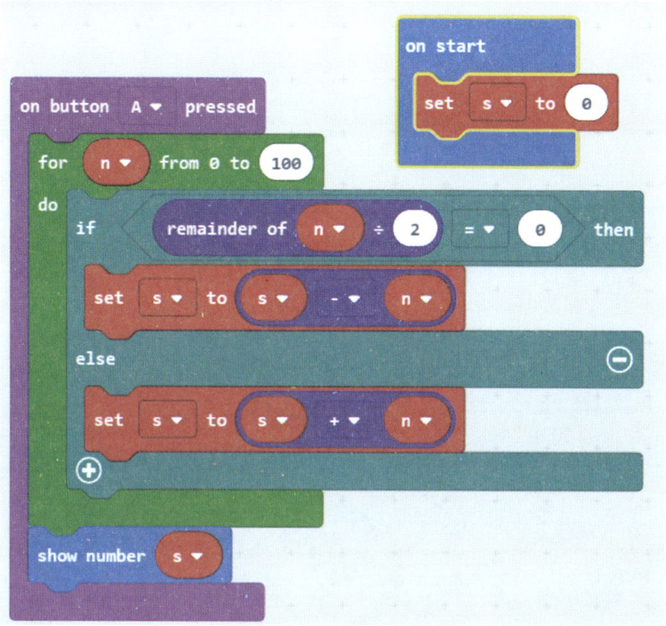

图 6-11　完整的程序

4. 解决问题

下载程序到 micro:bit 主控板，按下按钮 A 运行程序，并记录结果。

【探索任务】

你能否通过修改程序，统计以上案例中累加循环运行的次数？

提示：

（1）定义变量 t 用于存放循环执行的次数，看一看，循环执行了多少次。

（2）变量 t 的输出应该放在什么地方。

第 7 课 对折纸游戏

7.1 基础任务——对折纸游戏

假设有一张纸的厚度为 0.1 毫米,面积足够大,将它重复对折。问对折多少次后其厚度可达到珠穆朗玛峰(见图 7-1)的高度(约 8848 米)[①]?

图 7-1 珠穆朗玛峰

1. 分析问题

我们可以定义两个变量:h 代表厚度、n 代表对折次数,以一张纸对折一次为例,$h=h\times 2$,$n=n+1$。这两条语句是重复执行的,这让我们立刻想到了循环结构,但是我们学过的 for 循环结构是在明确知道循环的开始值和结束值的情况下使用的。通过分析题意,我们得到循环结束的条件为 $h \geq 8848$。MakeCode 中还有另外一种循环叫 while-do 循环,当知道循环结束条件时可以使用。

2. 设计算法

对折纸问题可以使用条件循环来实现。

---

① 习惯上称珠穆朗玛峰的高度为 8848 米,实际上我国在 2020 年公布珠穆朗玛峰的高度为 8848.86 米。——编辑注

```
while h < 8848
    h=h×2
    n=n+1
do
```

其中，h=h×2、n=n+1 为循环体，while 后面跟的是条件，用于控制循环。执行语句时，如果条件成立就进行循环，否则中止循环。

3. 编写程序

（1）定义两个变量 h 和 n 分别代表高度和对折次数，初值分别为 0.00001 和 0，如图 7-2 所示（纸厚度为 0.1 毫米，转换成以米为单位是 0.0001 米）。

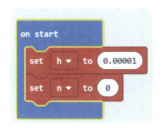

图 7-2 程序初始化

（2）从 Loops 指令集中拖曳指令 do-while 循环到编程区。

（3）设置循环执行的条件为 `h < 8848`。设置循环体为 `set h to h × 2` `set n to n + 1`。

（4）展开 Input 指令集，鼠标拖曳指令 on button A pressed 指令，作为触发条件。完整的程序如图 7-3 所示。

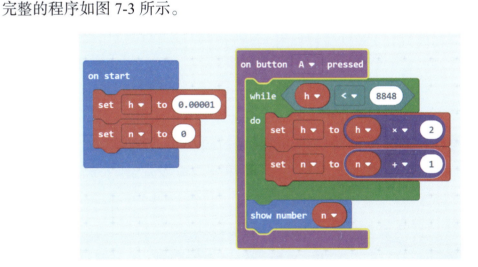

图 7-3 完整的程序

思考：如果将上述程序中的循环体 `set n to n + 1` 替换成 Variables 指令集中的 `change n by 1` 指令，程序运行的结果是否有改变？

MakeCode与计算思维

4. 解决问题

下载程序到 micro:bit 主控板，按下按钮 A 运行程序，看一看需要对折多少次，可以达到珠穆朗玛峰的高度。

7.2 进阶任务——被 7 整除的两位正整数

编程求解所有能够被 7 整除的两位正整数，并在 LED 点阵上输出结果。

1. 分析问题

本任务是求所有能被 7 整除的两位正整数，很明显这是循环结构。分析题目可以得到：两位正整数的取值范围为 10~99，而对于是否能被 7 整除，只要用这个数除以 7 余数为 0 即满足条件输出。因此，我们可以设置两位数初值为 10，用它除以 7，如果余数为 0，则满足条件输出这个数字。对这个数进行加 1 操作，直到满足循环中止的条件（小于等于 99）为止。

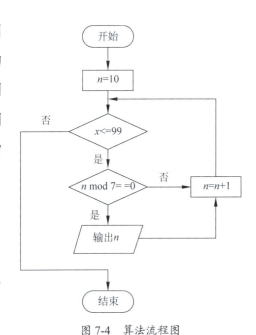

2. 设计算法

定义变量 n（n 初值为 10），算法流程如图 7-4 所示。

图 7-4 算法流程图

3. 编写程序

（1）定义变量 n，初值设定为 10。

（2）展开 Loops 指令集，鼠标拖曳 do-while 循环置编程区，并设置循环条件

（3）展开 Logic 指令集，鼠标拖曳 if 指令到编程区。并设置条件：n 除以 7 余数为 0，如图 7-5 所示。

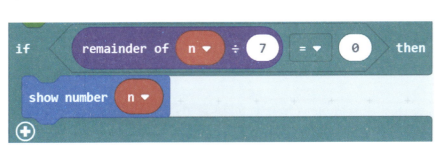

图 7-5 条件设置

（4）对 *n* 进行 +1 操作

（5）完整的程序代码如图 7-6 所示。

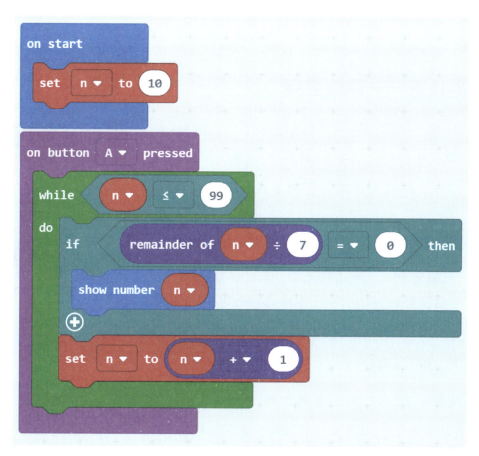

图 7-6　完整的程序

4. 解决问题

下载程序到 micro:bit 主控板，按下按钮 A 运行程序，记录 LED 屏上的数据。

【探索任务】

请用 for 循环编程求解所有能够被 7 整除的两位正整数，并在 LED 屏上输出结果。

第 8 课　韩信点兵问题

8.1　基础任务——韩信点兵

民间传说有一则故事——"韩信点兵"（见图 8-1）。韩信带 1000 名兵士打仗，站 3 人一排，多出 2 人；站 5 人一排，多出 3 人；站 7 人一排，多出 2 人。韩信很快说出了人数。

在《孙子算经》中，有这样一道算术题："今有物不知其数，三三数之剩二，五五数之剩三，七七数之剩二，问物几何？"翻译成数学语言：一个数除以 3 余 2，除以 5 余 3，除以 7 余 2，求这个数。对于这样的问题，也有人称为"韩信点兵"问题。

图 8-1　韩信点兵

1. 分析问题

《孙子算经》提出的问题有三个条件，我们可以先把两个条件合并成一个，然后再与第三个条件合并，就可找到答案。

一个数除以 3 余 2，除以 5 余 3，除以 7 余 2，求符合条件的最小数。

先列出除以 3 余 2 的数：2，5，8，11，14，17，20，23，26，…

再列出除以 5 余 3 的数：3，8，13，18，23，28，…

这两列数中，首先出现的公共数是 8，3 与 5 的最小公倍数是 15。两个条件合并成一个就是 8+15× 倍数，列出这一串数是 8，23，38，…，再列出除以 7 余 2 的数 2，9，16，23，30，…就得出符合题目条件的最小数是 23。事实上，我们已把题目中三个条件合并成一个：被 105 除余 23。

上述方法是古代人工方式的算法，也是我们后面编程思想的体现，即在 0~1000 内找到同时满足这三个条件的数字。

2. 设计算法

定义变量 x，算法流程如图 8-2 所示。

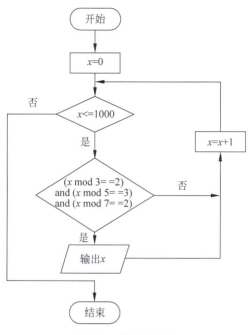

图 8-2　算法流程图

【知识链接：逻辑运算】

MakeCode 中有三种逻辑运算符：and（与运算）、or（或运算）和 not（非运算）。当逻辑运算符 and 连接两个表达式的值同时为 True 时，则逻辑表达式的值为 True。当逻辑运算符 or 连接两个表达式的值只要有一个为 True，则逻辑表达式的值为 True。逻辑运算符 not 将使表达式的逻辑值取反，如表 8-1～表 8-3 所示。

逻辑运算的优先次序为 not → and → or。

表 8-1　与运算

A	B	A and B
1	1	1
1	0	0
0	1	0
0	0	0

表 8-2 或运算

A	B	A or B
1	1	1
1	0	1
0	1	1
0	0	0

表 8-3 非运算

A	not A
1	0
0	1

3. 编写程序

（1）定义变量 x，在 Variables 指令集中创建变量 x。

（2）展开 Input 指令集，鼠标拖曳指令 on button A pressed 到编程区作为事件触发条件。

（3）展开 Loops 指令集，鼠标拖曳指令 for index from 0 to 4，并修改参数，如图 8-3 所示。

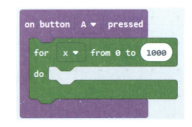

图 8-3 修改参数

（4）展开 Logic 指令集，鼠标拖曳指令 if-then 指令，放入第（3）步的 for 循环中。

（5）设置逻辑条件，由于三个条件同时满足才符合题意，所以三个条件之间的关系是与运算（and）。用鼠标从 Logic 指令集中拖曳两条逻辑与指令，并使其组合，再分别将三个条件放入其中，形成一个综合条件，如图 8-4 所示。

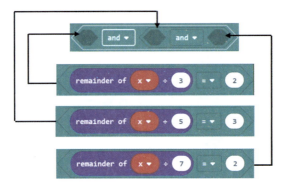

图 8-4 综合条件设置

（6）展开 Basic 指令集，用鼠标分别拖曳指令 show string、show number、pause 组成结果输出命令，完整的程序如图 8-5 所示。

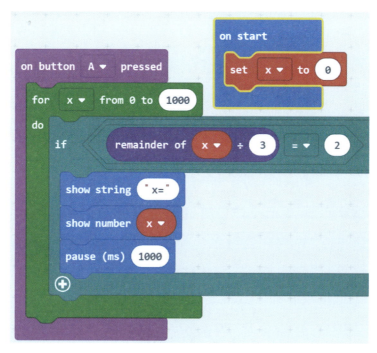

图 8-5　完整的程序

4. 解决问题

下载程序到 micro:bit 主控板，按下按钮 A 运行程序，并记录 LED 屏上的数据。

8.2　进阶任务——用 while-do 循环改写

将上述韩信点兵问题用 while-do 循环改写，并统计在 1000 以内有几个满足条件的韩信点兵数。

1. 分析问题

与 8.1 节的问题分析相同，要实现三个条件同时满足。本任务中使用 while-do 循环，所以循环运行要满足的条件就是 $x \leqslant 1000$，同时在找到一个满足条件的数字后要进行数字的累加操作。

2. 设计算法

定义变量 x 为韩信点兵数，n 为满足条件的个数。算法流程如图 8-6 所示。

MakeCode与计算思维

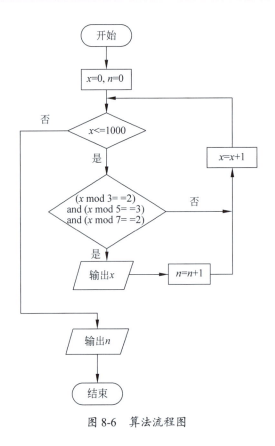

图 8-6 算法流程图

3. 编写程序

（1）定义变量 x 和 n。x 为韩信点兵数，n 为满足条件的个数。在 Variables 指令集中创建变量 x、n。

（2）展开 Input 指令集，用鼠标拖曳指令 on button A pressed 到编程区作为事件触发条件。

（3）展开 Loops 指令集，用鼠标拖曳指令 while-do 到编程区与 on button A pressed 指令粘合，并修改参数如图 8-7 所示。

（4）展开 Logic 指令集，用鼠标拖曳指令 if then-else 放入第（3）步的 while 循环中。

（5）设置逻辑条件，与上例逻辑条件设置相同。

（6）在满足韩信点兵条件的分支中，从 Basic 指令集中拖曳指令 show string、show number、pause 组成结果输出命令，并添加指令让变量 x、n 进行加 1 操作，如图 8-8 所示。

在不满足条件的分支中添加指令 `change x by 1`。

（7）添加指令 `show number n`，完整的程序如图 8-9 所示。

第8课　韩信点兵问题

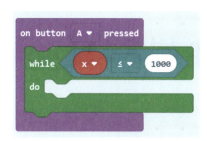

图 8-7　循环条件设置

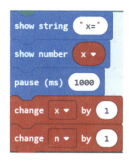

图 8-8　指令集合

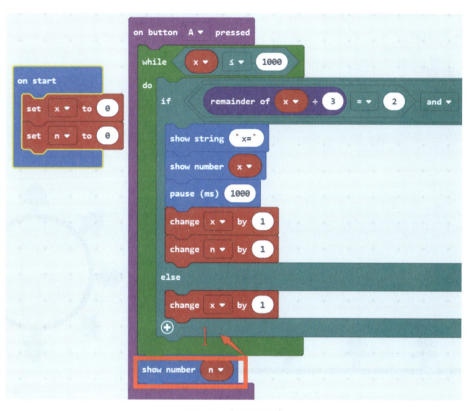

图 8-9　完整的程序

4. 解决问题

下载程序到 micro:bit 主控板，按下按钮 A 运行程序，并记录 LED 屏上的数据。

【探索任务】

如果将指令 `show number n` 移动到 while 循环里，程序运行的结果是什么？为什么？

第 9 课 种树问题

9.1 基础任务——种树问题

一条路长为 N 米,在路的一旁从头到尾每间隔 M 米栽一棵树,一共栽多少棵树?通过编程解决该问题。

1. 分析问题

依据任务描述是从头到尾种树,说明是两端种树的情况,因此种树的情况就有两种:一种是直线型,如图 9-1 所示;另一种是封闭型,如图 9-2 所示。

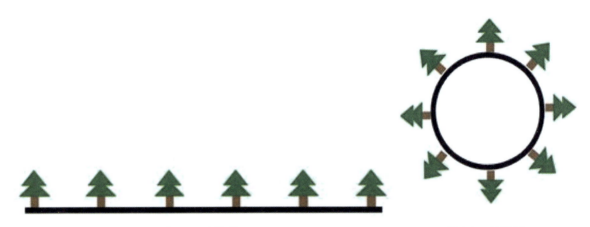

图 9-1 直线型　　　　　　　　图 9-2 封闭型

另外任务中给出每间隔 M 米栽一棵树,如果 N 除以 M 结果为 0,满足该条件。否则就不是每间隔 M 米栽一棵树,此时需要给出提示信息,重新设定 N 和 M 的值。

2. 设计算法

定义变量 N、M、flag、TREE,并设定 N、M、flag、TREE 的初值。其中,N 代表路长;M 代表间隔;flag 代表不同的路型,初值为 0;TREE 代表树的数目。算法流程如图 9-3 所示。

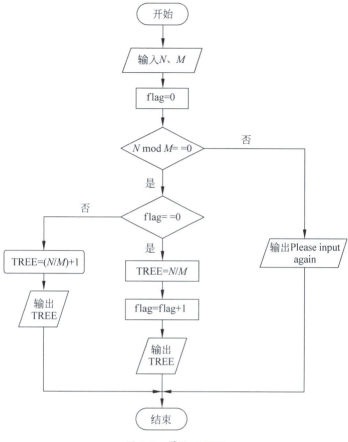

图 9-3　算法流程图

3. 编写程序

（1）定义变量：N、M、flag、TREE，初值对应如图 9-4 所示。N 为 72，代表路长；M 为 8，代表间隔；flag 为 0，代表初始状态为封闭；TREE 为 0，代表初值为 0。

（2）展开 Input 指令集，用鼠标拖曳 on button A pressed 指令到编程区作为事件触发条件。

（3）展开 Logic 指令集，用鼠标拖曳 if-then-else 指令到编程区作为外层判断：N 是否能够整除 M，如果能，则进行栽树分情况处理；如果不能，则输出 Please input again 的提示信息。

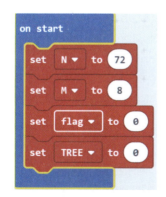

图 9-4　程序初始化

（4）用鼠标再次从 Logic 指令集中拖曳 if-then-else 指令到编程区作为内层判断。设定 flag 标志位，判断 flag=0 条件是否成立。成立，则表明是封闭图形；否则，表明是直线图形，并各自进行相应的条件处理。程序框架如图 9-5 所示。

MakeCode与计算思维

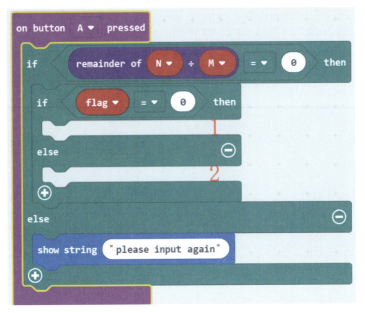

图9-5　程序框架

【知识链接：标志位】

标志位通常用来判断一个操作是否发生了。常见于单片机编程中，例如定时器中断中 TCON 寄存器中的 CF1 和 CF0 分别是定时器 1 和定时器 0 的中断标志位。当定时器溢出时，CF1 或 CF0 置位，进入中断服务程序，处理完之后出中断服务程序时由单片机自身硬件将 CF1 或 CF0 清 0，返回主程序。同样我们写程序时也可以适当使用标志位，用来判断相应操作是否已经执行或者是否发生，如中断标志位、溢出位等。本任务中我们就通过设定 flag 值进行判断。

图 9-5 所示程序框架的第 1 部分程序如图 9-6 所示。

封闭图形的数据处理在最后对标志位 flag 进行了 +1 操作，从而跳转到第 2 部分程序中，如图 9-7 所示。

图9-6　第1部分程序

图9-7　第2部分程序

46

（5）完整的程序如图 9-8 所示。

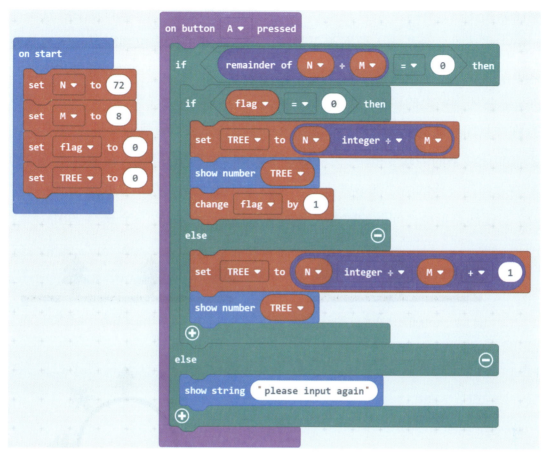

图 9-8　完整的程序

4. 解决问题

输入以下测试数据并记录程序运行结果。

数据 1：N=72，M=10，flag=0，TREE=0。

数据 2：N=72，M=8，flag=0，TREE=0。

下载程序到 micro:bit 主控板，按下按钮 A 运行程序，并记录 LED 屏上的数据。

9.2　进阶任务——无限制种树

一条路长为 N 米，在路的一旁每间隔 M 米栽一棵树，一共栽了多少棵树？通过编程解决该问题。

1. 分析问题

本任务相比 9.1 节的任务少了一个"从头到尾"的条件,问题的复杂度就多了几种情况。第一步还是要分析输入数据能否整除,第二步通过标志位判断是封闭线路还是非封闭线路。而在非封闭的情况下又分为一端植树、两端植树、两端都不植树三种情况。

(1) 非封闭线路上的植树问题主要分为以下三种情形。

① 在非封闭线路的两端都植树,如图 9-9 所示,那么,树数 = 全长 ÷ 间距 +1。

② 非封闭线路的一端要植树,另一端不要植树,如图 9-10 所示,树数 = 全长 ÷ 间距。

③ 在非封闭线路的两端都不要植树,如图 9-11 所示,树数 = 全长 ÷ 间距 −1。

(2) 封闭线路上植树问题的数量关系如图 9-12 所示,树数 = 全长 ÷ 间距。

图 9-9 非封闭线路的两端都植树

图 9-10 非封闭线路的一端要植树

图 9-11 非封闭线路的两端都不植树

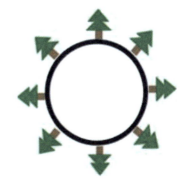

图 9-12 封闭线路上的植树问题

2. 设计算法

定义变量 N、M、flag1、flag2、TREE,并设定它们的初值。其中,N 代表路长;M 代表间隔;flag1 代表不同的路型,初值为 0;flag2 代表不同的种树方式,初值为 0;TREE 代表树的数目。算法流程图如图 9-13(a)所示。

对于 flag2 标志位的控制,我们通过 Input 指令集中的 on button B pressed 指令进行触发,flag2=0 表示两边都种树;flag2=1 表示单边种树;flag2=2 表示两边都不种树。算法流程如图 9-13(b)所示。

第9课 种树问题

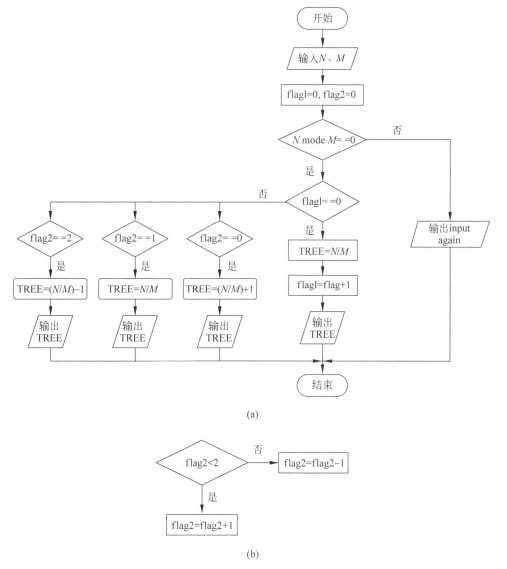

(a)

(b)

图 9-13 算法流程图

从而实现对三种不同植树状态的控制。

3. 编写程序

（1）定义变量 N、M、flag1、flag2、TREE，并设定它们的初值，如图 9-14 所示。

（2）后续操作步骤同 9.1 节的操作，在第（4）步的分支 2 中放入 flag2 等于 0、1、2 的三种分支情况，如图 9-15 所示。

（3）利用 on button B pressed 指令设置 flag2 值的改变，如图 9-16 所示。

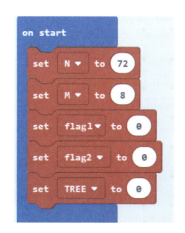

图 9-14 程序初始化

49

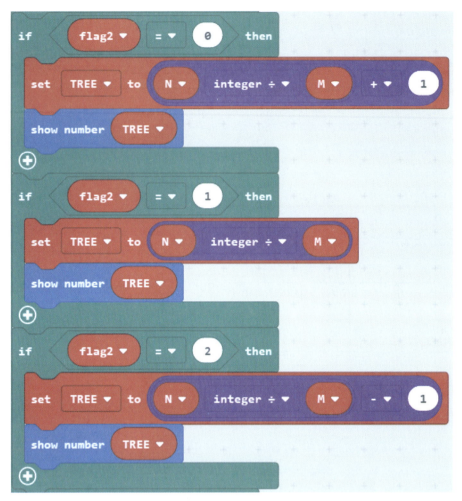

图 9-15 flag2 等于 0、1、2 的程序代码

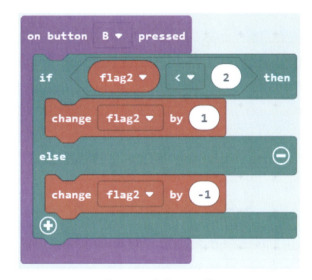

图 9-16 改变 flag2 值

（4）完整的程序如图 9-17 所示。

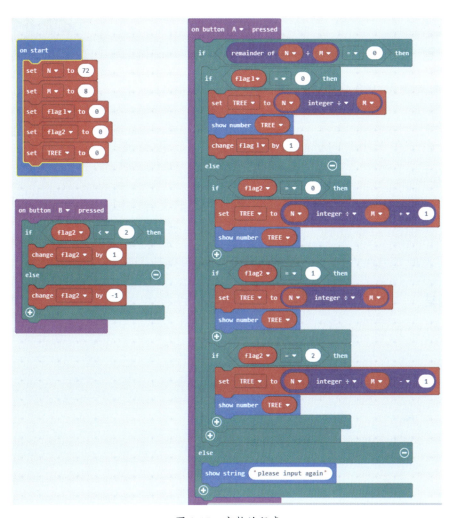

图 9-17　完整的程序

4. 解决问题

输入以下测试数据并记录程序运行结果。

数据 1：N=72，M=10，flag1=0，flag2=0，TREE=0。

数据 2：N=72，M=8，flag1=0，flag2=0，TREE=0。

运行程序，分别按下按钮 A 和按钮 B，并记录输出的数据。

9.3　挑战任务——虫子吃苹果

小意买了一箱苹果共有 N 个，不幸的是其中有一条虫子（见图 9-18）。虫子每隔 X 小时能吃掉一个苹果。假设虫子在吃完一个苹果前不会吃另外一个苹果，那么经过

MakeCode与计算思维

Y小时后，这箱苹果还有多少个没有被吃掉？编程解决该问题，输入三个整数N、X、Y，输出结果为整数。

1. 分析问题

分析题目发现虫子在Y小时内吃掉苹果的情况有以下两种。

第一种：虫子在Y小时内把所有苹果都吃完了，没有被吃掉的苹果数为0。

图9-18 虫子吃苹果

第二种：虫子在Y小时候内吃了部分苹果，这里又分为以下两种情况。

（1）正好吃完第M个苹果，没有被吃掉的苹果数为N−Y/X。

（2）正好在吃第M+1个苹果，没有被吃掉的苹果数为N−Y/X−1。

2. 设计算法

定义变量N、X、Y，算法流程如图9-19所示。

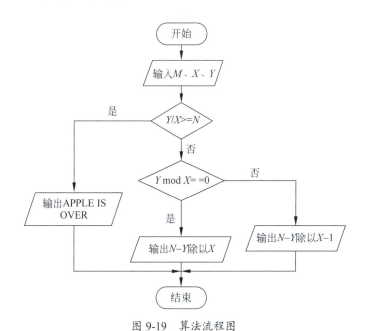

图9-19 算法流程图

3. 编写程序

完整的程序如图9-20所示。

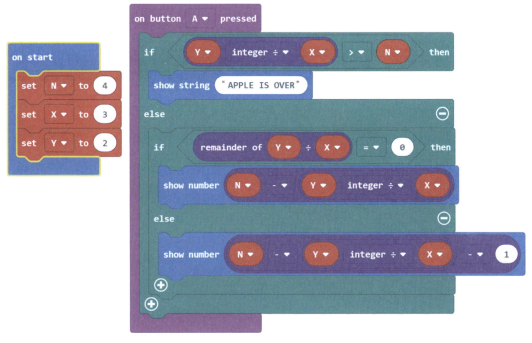

图 9-20　完整的程序

4. 解决问题

分别设置初值如下，并测试运行结果。

（1）N=4，X=3，Y=7。

（2）N=4，X=3，Y=6。

（3）N=4，X=3，Y=15。

（4）N=4，X=3，Y=2。

下载程序到 micro:bit 主控板，按下按钮 A 运行程序，并记录 LED 屏上的数据。

（1）结果 =1。

（2）结果 =2。

（3）结果 =APPLE IS OVER。

（4）结果 =3。

【探索任务】

当输入的测试数据中 N=0 时，该如何修改程序让程序的运行更加合理？

第 10 课 周长问题

10.1 基础任务——周长问题

一页长 24 厘米、宽 14 厘米的长方形纸，如图 10-1 所示。先剪下一个最大的正方形，从余下的纸片中再剪下一个最大的正方形，最后余下的长方形周长是多少？编程解决该问题，输入两个值 a、b 分别代表长和宽。

图 10-1　长方形纸

1. 分析问题

这是一道经过若干次剪裁后求长方形周长的题目。长方形的周长公式为 $c=2\times(a+b)$，其中 c 代表周长，a 代表长，b 代表宽。对于此任务，只要依次剪裁就能够得到结果，解题过程如下。

第一次剪裁最大的正方形后比较长和宽的值的大小，很容易得出按较短的边进行剪裁，如图 10-2 所示。

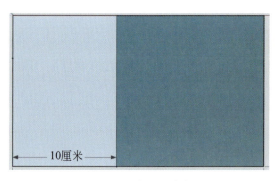

图 10-2　第一次剪裁

第二次剪裁最大的正方形，此时长方形的长为 14 厘米（上一次的 b），宽为 10 厘米（上一次的 a–b），比较两值大小得出按较短的边进行剪裁，如图 10-3 所示。得到的长方形长为 $10\times(a$–$b)$，宽为 $4\times[14-(a$–$b)]$，如图 10-3 所示。

第10课　周长问题

图10-3　第二次剪裁

计算剩下长方形的周长为 $c=2×(10+4)=28$（厘米）。

2. 设计算法

设定变量 c、a、b，并设置初始值 $c=0$，$a=24$，$b=14$。设定中间变量 temp=0，算法流程如图10-4所示。

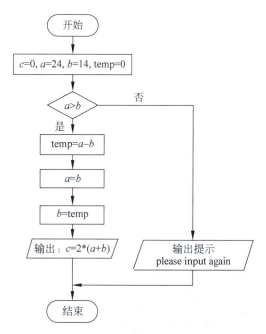

图10-4　算法流程图

3. 编写程序

（1）定义变量 c、a、b、temp，设置初值如图10-5所示。

（2）展开 Input 指令集，用鼠标拖曳指令 on button A pressed 到编程区作为程序触发条件。

（3）展开 Loops 指令集，用鼠标拖曳指令 放入 on button A pressed 指令之中，修改重复次数为2，表示经过两次剪裁。

55

（4）展开 Logic 指令集，用鼠标拖曳指令 if-then，设定条件 $a > b$。

（5）编写剪裁最大正方形语句，如图 10-6 所示。

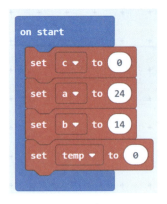

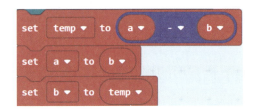

图 10-5　程序初始化　　　　　　　图 10-6　剪裁最大正方形程序

（6）输出结果，为了将结果同时显示，我们使用了串口调试工具。从 Serial 指令集中拖曳指令  并修改指令相关参数如下：

图片中：serial write value "c" = 2 × a + b

串口工具的使用能快速显示多组数据，在以后学习的传感器值的显示上有着非常方便的作用。

【知识链接：串口工具的使用】

如果程序中包括调用串口输出数据，这时在模拟器下方会出现 Show console Simulator 按钮。单击此按钮会出现如图 10-7 所示的界面，从而读取程序运行的结果。

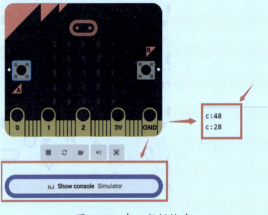

图 10-7　串口数据输出

第10课 周长问题

（7）完整的程序如图 10-8 所示。

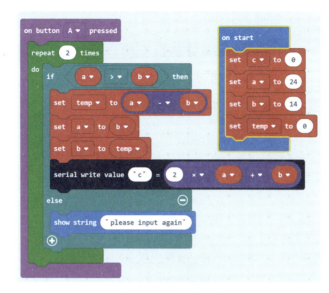

图 10-8 完整的程序

4. 解决问题

输入以下数据观察结果。

第一组数据：a=24，b=14。

第二组数据：a=48，b=14。

测试无误后，将 serial 语句替换成 show string 语句并下载程序到 micro:bit 主控板。按下按钮 A 运行程序，并记录 LED 屏上的数据。

10.2 进阶任务——图形切割

10.1 节中的算法对于测试数据 a=24，b=14 没有问题，但是对于测试数据 a=48，b=14，我们发现程序运行结果为 96。但是通过图 10-9 所示的模拟剪裁，我们可以看出运行结果应该为 76。

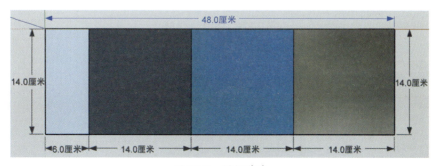

图 10-9 模拟剪裁

1. 分析问题

出现问题的原因：10.1 节任务中经过一次剪裁后，长和宽就进行了交换。而在数据 $a=48$，$b=14$ 时，经过 3 次剪裁后长和宽才进行交换。所以在每次剪裁前，需要进行长和宽判断，如果长和宽比大于 1，上述算法就是错误的（例如我们将长改为 42 厘米，宽改为 20 厘米，剪裁 4 次）。

2. 设计算法

设定变量 c、a、b，并设置初始值 $c=0$，$a=48$，$b=14$。设置中间变量 temp=0，算法流程如图 10-10 所示。

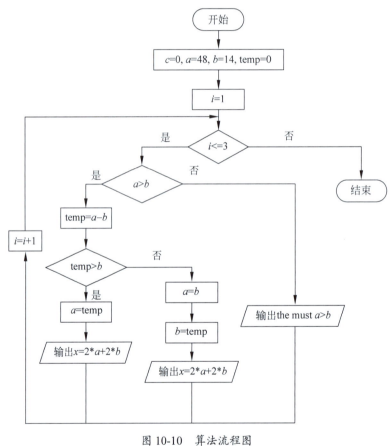

图 10-10　算法流程图

3. 编写程序

按照上述算法编写程序，完整的程序如图 10-11 所示。

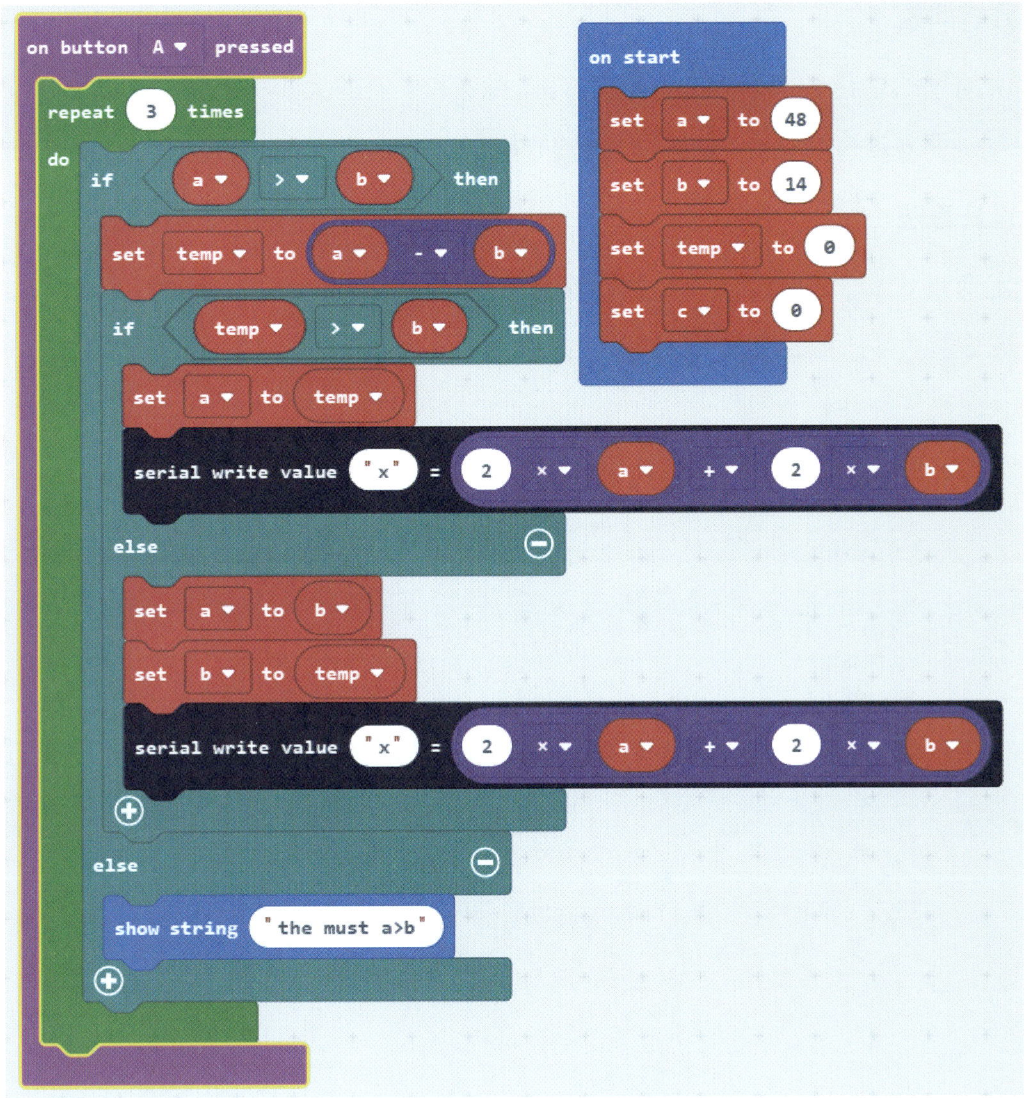

图 10-11　完整的程序

4. 解决问题

测试无误后，将 serial 语句替换成 show string 语句，并下载程序到 micro:bit 主控板。按下按钮 A 运行程序，并记录 LED 屏上的数据。

10.3　挑战任务——深入拓展

在上述任务中，默认初始状态设置 a 的值大于 b 的值。如果设置 $a < b$ 时程序会给出提示信息，能否通过编程自动帮助我们判断长和宽呢？

1. 分析问题

解决问题的思路：可以在进行剪裁前，先对 a 和 b 值的大小关系进行判断。如果 $a < b$ 时，先对 a 和 b 进行交换，再进行剪裁的程序。

2. 设计算法

设定变量 c、a、b、temp、T，并设置初始值 $T=0$，$c=0$，$a=14$，$b=48$，temp=0。其中，T 为变换变量。算法流程如图 10-12 所示。

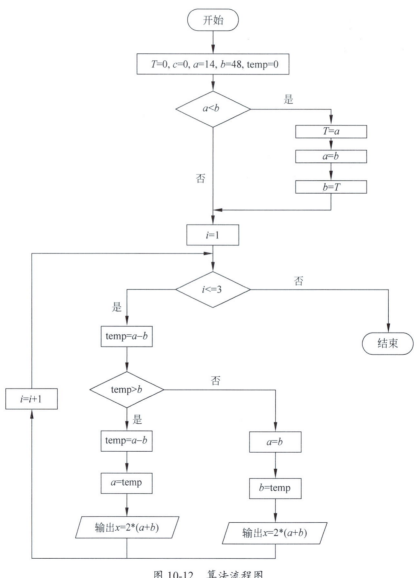

图 10-12　算法流程图

3. 编写程序

（1）增加一个交换变量 T，并设置初始值为 0，当 $a < b$ 时，则执行交换程序如图 10-13 所示。

（2）完整的程序如图 10-14 所示。

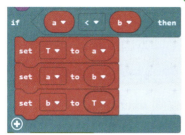

图 10-13　交换程序

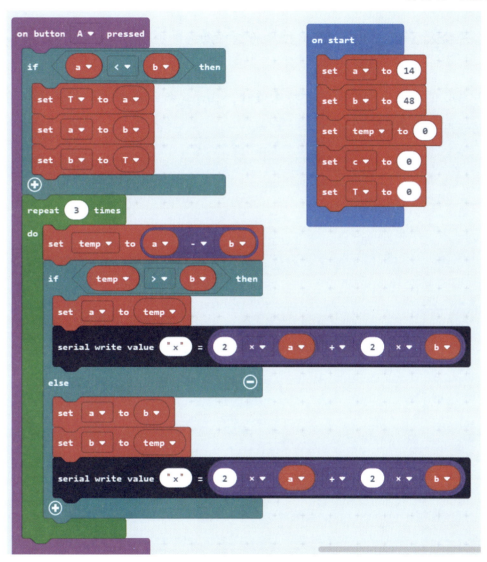

图 10-14　完整的程序

4. 解决问题

第一组数据：$a=24$，$b=14$。

第二组数据：$a=48$，$b=14$。

第三组数据：a=14，b=24。

第四组数据：a=14，b=48。

修改 a 和 b 的初值，检测运行结果无误后，将 serial 语句替换为 show string 语句下载到 micro:bit 主控板，在 LED 屏上显示运行结果。

【探索任务】

（1）请输入 a=0，b=28，检测程序的运行结果，分析结果并思考应该如何修改程序。

（2）当我们在程序中输入一些特殊值时，程序运行结果会出现错误该如何修改程序使其能够有更高的容错性能。

第 11 课　图形的拼接

11.1　基础任务——图形拼接 1

把 6 个相同的正方形（见图 11-1）拼接成一个长方形，一共能拼接出几种不同的长方形？

图 11-1　6 个相同的正方形

【技术提示】

　　我国宋朝有位著名的书法家叫黄长睿，设计了一组长方形桌子，桌子共有 7 张，分大、中、小三种，当时称为"七星桌"，如图 11-2 所示。桌子的长度不同，宽度相等，小桌长度是大桌长度的一半，中桌长度是大桌长度减宽度。在招待宾客时，根据不同需求拼成一定图案。不同的图形通过不同的组合，能够拼接成不同的长方形和正方形。

图 11-2　七星桌

1. 分析问题

根据题意动手摆放可以得到以下几种拼接方式。

第一种拼接方式：将 6 个单元拼接成 1 排，如图 11-3 所示。

第二种拼接方式：将 6 个单元拼接成 2 行，如图 11-4 所示。

第三种拼接方式：将 6 个单元拼接成 3 行，如图 11-5 所示。

第四种拼接方式：将 6 个单元拼接成 6 行，如图 11-6 所示。

图 11-3　拼接方式 1

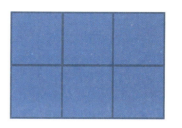

图 11-4　拼接方式 2

图 11-5　拼接方式 3

图 11-6　拼接方式 4

观察这四种拼接方式可以看出，方式 1 和方式 4 相同，方式 2 和方式 3 相同。

所以可得结论：假设正方形边长为 1 个单元，组成长方形时，无论采用哪种方式组合，最后总面积不会改变。同时为了排除重复方式，这里设置条件 $a>b$（a 为长，b 为宽）。

2. 设计算法

通过上述问题分析得出算法：设定摆放后的长方形的长和宽分别为 a 和 b。a 的取值范围为 1~6 个单元，b 的取值范围为 1~6 单元。算法流程如图 11-7 所示。

3. 编写程序

本任务使用 for 循环嵌套的方式来编程实现，具体操作过程不再叙述。完整的程序如图 11-8 所示。

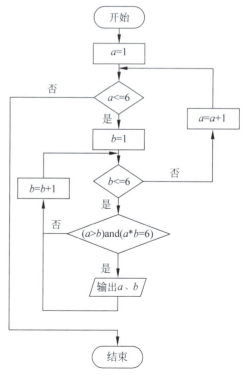

图 11-7　算法流程图

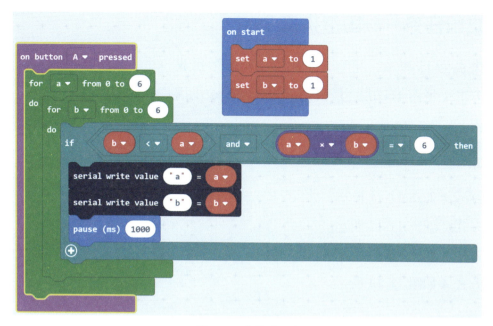

图 11-8　完整的程序

4. 解决问题

运行程序测试结果为两组 a=3，b=2；a=6，b=1，如图 11-9 所示。

将 serial 语句替换为 show string 语句并下载到 micro:bit 主控板，在 LED 屏上显示运行结果。

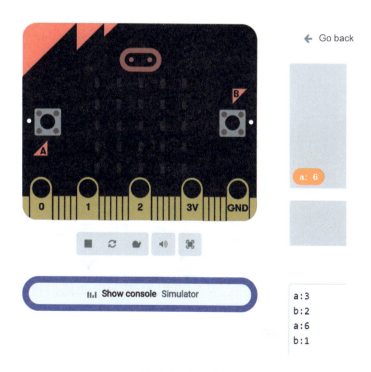

图 11-9　运行结果

11.2 进阶任务——图形拼接 2

用 4 个长为 15 厘米、宽为 5 厘米的小长方形拼成一个较大的长方形（见图 11-10），最长是多少？编程求出周长并在串口输出。

1. 分析问题

拼接方式 1 如图 11-11 所示。

拼接方式 2 如图 11-12 所示。

拼接方式 3 如图 11-13 所示。

拼接方式 4 如图 11-14 所示。

图 11-10 4 个小长方形

图 11-11 拼接方式 1

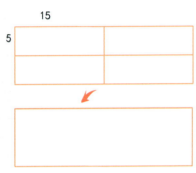

图 11-12 拼接方式 2

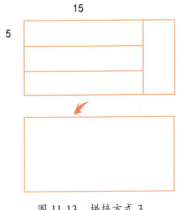

图 11-13 拼接方式 3

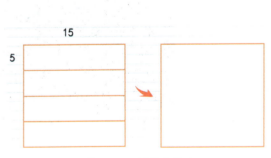

图 11-14 拼接方式 4

根据题意列出上述四种拼接方式，从中可以发现无论如何拼接，最终的面积是不会改变的。通过循环嵌套结构可以遍历多种组合，从而找出每种方式组合的周长，通过比较找出最大的周长。

2. 设计算法

通过上述问题分析得出算法：设定摆放后的长方形的长和宽分别为 a 和 b。a 的取值范围为 1~4 个单元，b 的取值范围为 1~4 个单元。算法流程如图 11-15 所示。

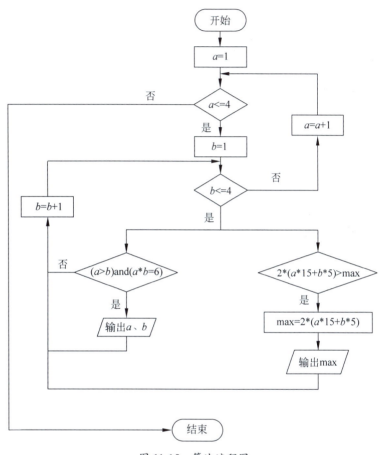

图 11-15　算法流程图

3. 编写程序

完整的程序如图 11-16 所示。

4. 解决问题

模拟器串口调试如下。

a:1，b:4，max:70。

a:2，b:2，max:80。

a:4，b:1，max:130。

MakeCode与计算思维

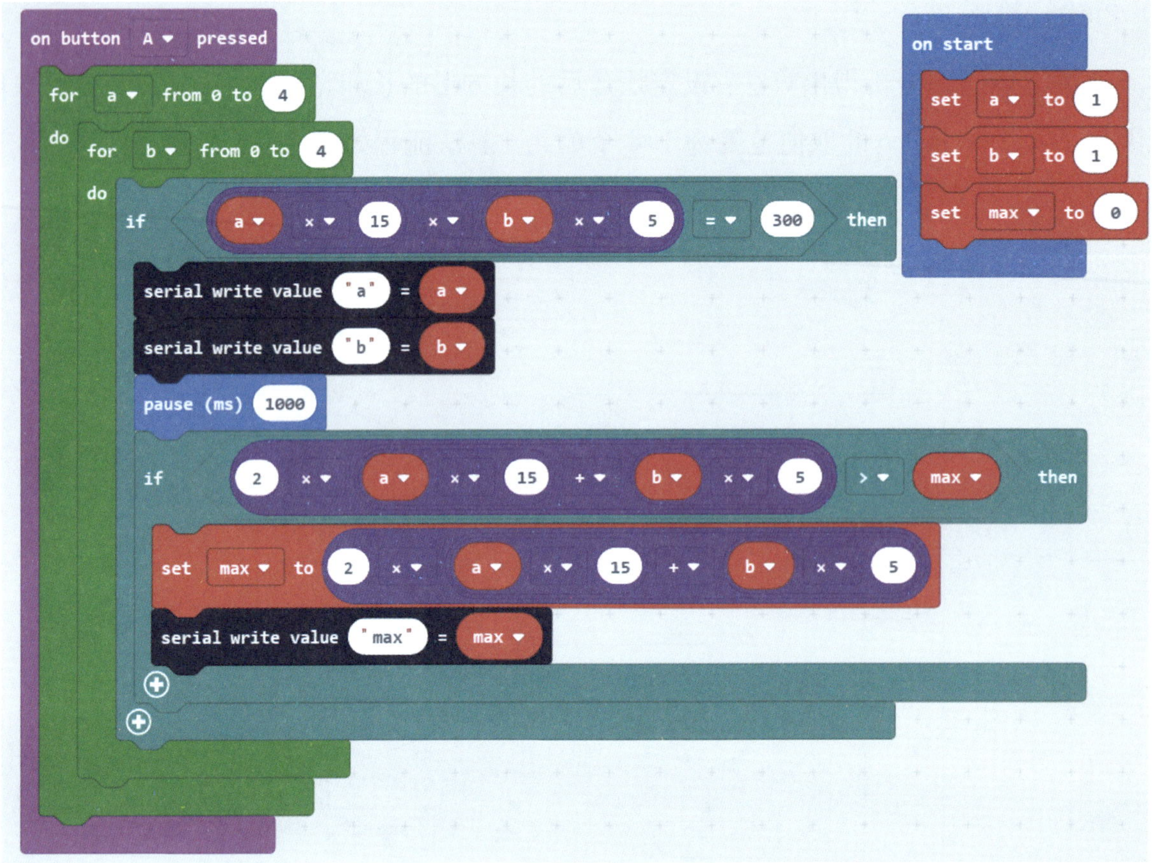

图 11-16　完整的程序

将 serial 语句替换为 show string 语句并下载到 micro:bit 主控板，在 LED 屏上显示运行结果。

【探索任务】

请修改上述程序，输出最大周长的拼接方案。

第 12 课　寻找丢失的数字

12.1　基础任务——寻找丢失的数字

小意在看书时,发现书中的一页被虫子蛀了,有一道题目变成了如图 12-1 所示的样子。请你编程解决该问题,求出丢失的数字。

1. 分析问题

此题在数学上是一个简单的三位数乘一位数,且是一个不完整的乘法式子。我们可以将式子中丢失的数字用字母、文字或符号代替。例如定义丢失的数字为 a、b,找出适合条件的 a、b。由题意我们可以做出如图 12-2 所示的推导。

得到条件等式为:$(804+a\times10)\times5=b\times1000+120$。

设定 a、b 的取值范围进行循环,a 的取值范围为 0~9;b 的取值范围为 1~9。

2. 设计算法

定义变量 a、b,设置其初始值,算法流程如图 12-3 所示。

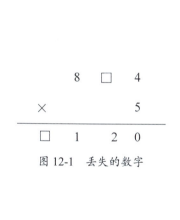

图 12-1　丢失的数字

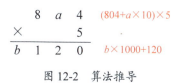

图 12-2　算法推导

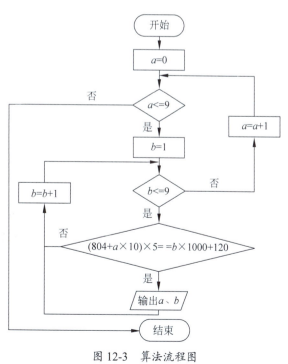

图 12-3　算法流程图

MakeCode与计算思维

3. 编写程序

完整的程序如图12-4所示。

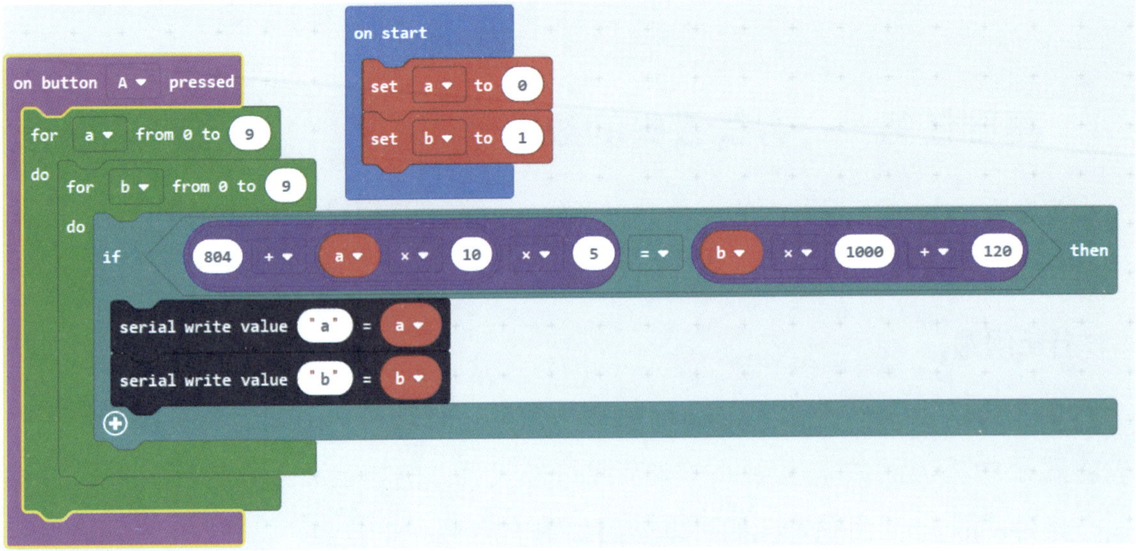

图 12-4 完整的程序

4. 解决问题

模拟器运行结果 $a=2$，$b=4$。

将 serial 语句替换为 show string 语句并下载到 micro:bit 主控板，在 LED 屏上显示运行结果。

12.2 进阶任务——字谜游戏

在图 12-5 所示的字谜游戏图中，相同的汉字代表相同的数字，求这个算式中各个汉字代表的数字是什么？请编写程序解决该问题。

$$\begin{array}{r} 好\ 呀\ 好 \\ +\ 真\ 是\ 好 \\ \hline 真\ 是\ 好\ 呀 \end{array}$$

图 12-5 字谜游戏

1. 分析问题

本任务问题进行的是加法运算，四种不同的字符分别定义为四个变量：$A=$ 好，$B=$ 呀，

$C=$ 是，$D=$ 真，用循环嵌套结构编程。当满足条件：$A\times100+B\times10+A+D\times100+C\times10+A=D\times1000+C\times100+A\times10+B$，输出 A、B、C、D 的值。

2. 设计算法

定义变量 A、B、C、D，并设置其初始值，算法流程如图 12-6 所示。

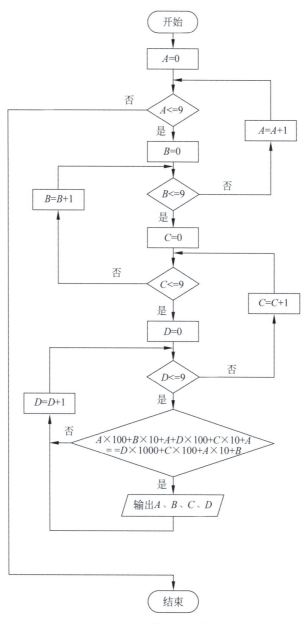

图 12-6　算法流程图

3. 编写程序

完整的程序如图 12-7 所示。

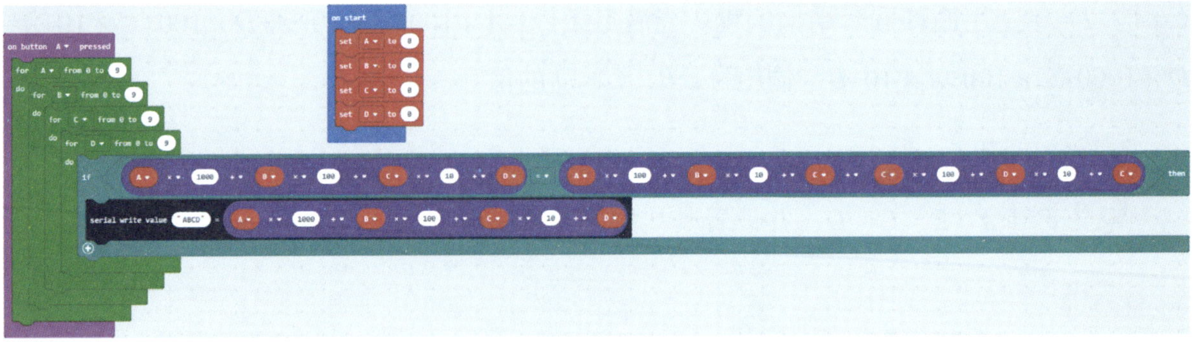

MakeCode与计算思维

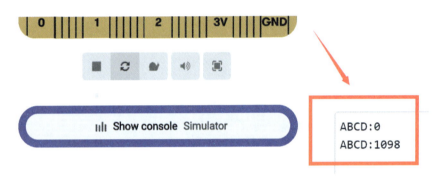

图 12-7　完整的程序

4. 解决问题

模拟器运行程序得到的结果如图 12-8 所示。

图 12-8　串口输出

很显然 ABCD=0 这个结果不是我们想要的结果。

将 serial 语句替换为 show string 语句并下载程序到 micro:bit 主控板中，在 LED 屏上显示运行结果。

【探索任务】

上述程序的运行结果出现了两个，一个为 0，一个为 1098，很显然 0 并不是我们需要的结果，请修改程序将这个无效结果剔除。

第 13 课　统计与排序

13.1　基础任务——数字的统计

给定若干个 1 位正整数，每个数字都是大于或等于 1，编程统计数字 1、2、3 在这组数字中出现的次数，如图 13-1 所示。

图 13-1　数字的统计

1. 分析问题

将要统计的这组数字存入一个数组中，然后依次读取。如果是符合条件的数字，则进行计数累加，从而实现对相应数据的统计，如图 13-2 所示。

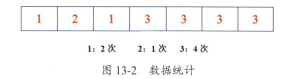

图 13-2　数据统计

2. 设计算法

定义一个一维数组 list 存储数据 1、2、1、3、3、3、3。

定义变量 s1、s2、s3 分别为 1、2、3 出现的次数。

定义变量 item 为临时存取的数组值。算法流程如图 13-3 所示。

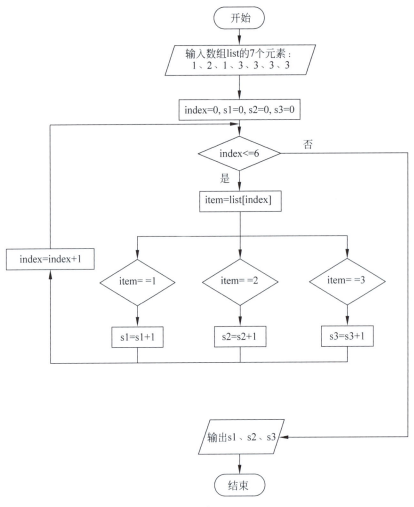

图 13-3　算法流程图

【知识链接：数组】

数组是有序的元素序列。若将有限个类型相同的变量的集合命名，则这个名称称为数组名。组成数组的各个变量称为数组的分量，也称为数组的元素，有时也称为下标变量。用于区分数组的各个元素的数字编号称为下标。数组是在程序设计中为了处理方便把具有相同类型的若干元素按无序的形式组织起来的一种形式。这些无序排列的同类数据元素的集合称为数组。数组是用于存储多个相同类型数据的集合。为了方便大家理解，这里做一个比喻：把定义的数组看作一个个房间，它们的地址就是它们的门牌号，例如00号、01号、02号，而房间里的人就是我们定义的数组中的数据。

3. 编写程序

（1）定义变量 s1、s2、s3、item 并设置初值为 0。定义一维数组 list，并初始化该数组。从 Arrays 指令集中拖曳指令 `set list to array of 1 2` 到编程区。通过单击"+"按钮增加数组中的元素，这里添加 7 个数：1、2、1、3、3、3、3，如图 13-4 所示。

（2）从 Loops 指令集中拖曳指令 for index from 0 to 6。

（3）从 Variables 指令集中拖曳指令 `set index to 0`，并将变量名改为 item。从 Array 指令集中拖曳指令 `list get value at 0`，并将变量 index 放入 at 后，该语句表明从 list 数组中读取地址为 index 的数字。组合后的语句如图 13-5 所示。

图 13-4 数组定义

图 13-5 读取数组元素

（4）从 Logic 指令集中拖曳 if-then 语句依次完成对 1、2、3 数字出现次数的统计，如图 13-6 所示。

图 13-6 数字统计

（5）从 Serial 指令集中拖曳指令串口输出 s1、s2、s3。完整的程序如图 13-7 所示。

4. 解决问题

（1）输入测试数据 1、2、1、3、3、3、3，记录测试结果。

（2）输入测试数据 0、1、2、0、1、2、0，记录测试结果。

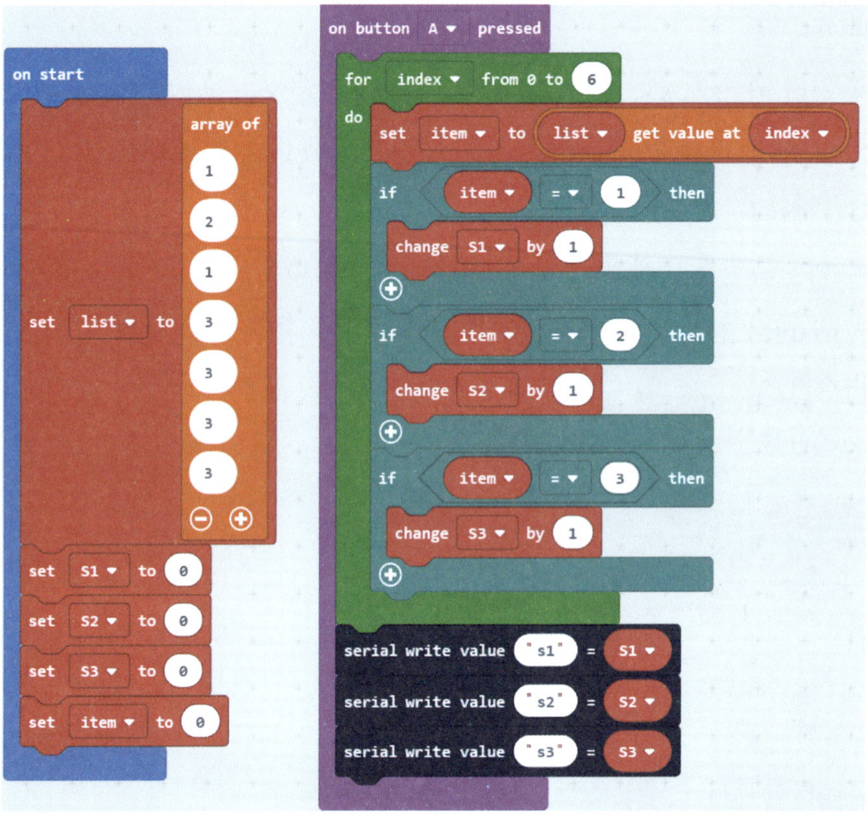

图 13-7 完整的程序

测试数据 1 时，输出结果如图 13-8 所示。

图 13-8 测试数据 1 结果

测试数据 2 时，输出结果如图 13-9 所示。

图 13-9 测试数据 2 结果

将 serial 语句替换为 show string 语句下载到 micro:bit 主控板，在 LED 屏上显示运行结果。

13.2 进阶任务——统计数据

在13.1节的任务中当数组中出现0时,出现提示信息:zero is hero,请编程实现。

1. 分析问题

13.1节任务中的程序没有对数组中误操作输入0的情况进行处理,所以在读取数组中的数据时,对于非零数据的统计照样进行。本任务要求只要数组中出现0,就出现提示信息 zero is hero,而不再统计其他数据的个数。

因此本任务的程序在读取数组数据时,对0的字符数定义变量s0进行统计,在串口输出前判断s0是否大于1,如果大于1,说明数组中有0出现,则输出提示信息。

2. 设计算法

定义一维数组变量list,定义变量s0、s1、s2、s3分别用于统计0、1、2、3出现的个数。算法流程如图13-10所示。

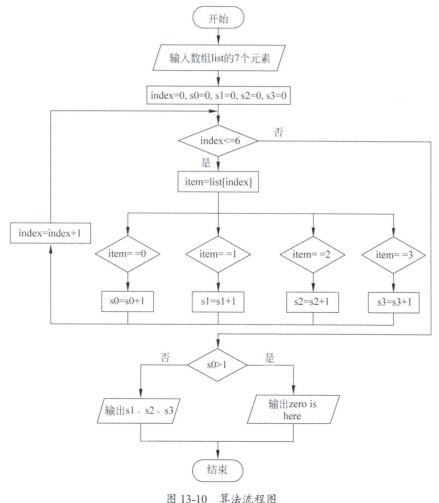

图 13-10　算法流程图

3. 编写程序

完整的程序如图 13-11 所示。

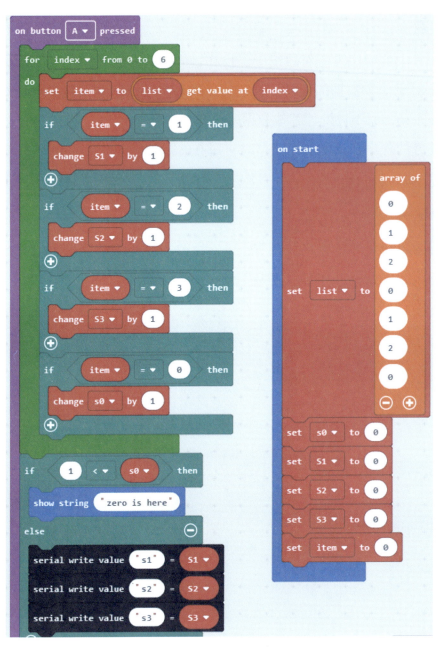

图 13-11 完整的程序

4. 解决问题

输入数据 0、0、0、0、0、0、0，记录程序运行数据。

输入数据 0、1、2、0、1、2、0，记录程序运行数据。

输入数据 1、1、1、3、3、3、4，记录程序运行数据。

将 serial 语句替换为 show string 语句并下载到 micro:bit 主控板，在 LED 屏上显示运行结果。

【探索任务】

　　本课中我们采取的算法是：定义数组，读取数组中的数字进行判断，符合条件进行计数，最后输出统计的对应数字的数目。请修改程序将整个统计过程的每一步都进行输出。

第 14 课　方阵问题

14.1　基础任务——方阵问题

小意、小诺、小思带着舞蹈小组排成一个方阵表演节目，方阵的每条边站 N 人，这个小组一共有多少人参加表演？最外面一圈有多少人？设 N 为每条边站的人数，s 为总人数，$s1$ 为最外圈人数。请编写程序解决问题（见图 14-1）。

图 14-1　方阵问题

【知识链接：方阵】

横排叫行，竖排叫列。如果排成的队列行数和列数相等，正好排成一个正方形，这个队列就叫方阵（见图 14-2）。

如果用棋子排成一个正方形，共排成 6 排，每排 6 个，这种方阵叫实心方阵；如果方阵只有最外面一圈叫作空心方阵，如图 14-3 所示。

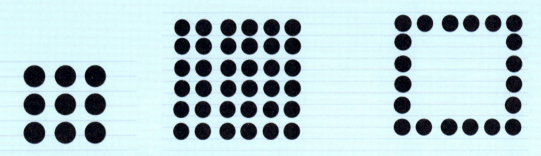

图 14-2　方阵　　　　　　图 14-3　实心方阵和空心方阵

方阵的特点：①每边上的点数相等；②实心总点数＝每边点数×每边点数；③方阵外层四周点数＝每边点数×4-4。

第14课 方阵问题

1. 分析问题

通过题意,我们可以总结归纳出总人数 = 每边人数 × 每边人数。

外圈人数 = 每边人数 ×4-4,如图 14-4 所示。外圈的四个顶点也就是红色点部分是重复部分,要减去。

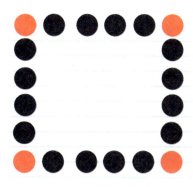

图 14-4 重复数筛选

2. 设计算法

算法流程如图 14-5 所示。

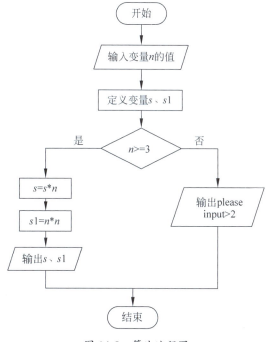

图 14-5 算法流程图

3. 编写程序

完整的程序如图 14-6 所示。

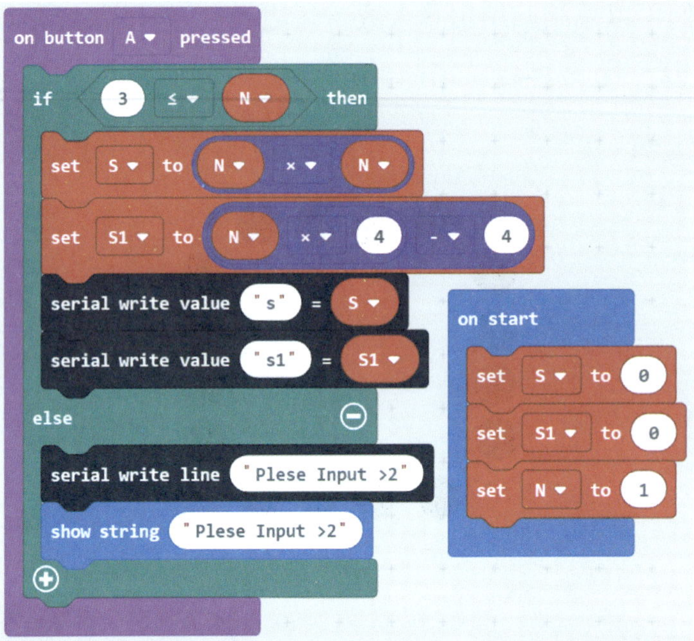

图 14-6　完整的程序

4. 解决问题

修改 N 值运行程序并将结果记录在表 14-1 中。

表 14-1　记录表

序号	N	运行结果
1	1	
2	2	
3	3	
4	6	
5	9	

14.2　进阶任务——计算空心方阵

小意带着舞蹈小组排成一个方阵表演节目，方阵的每边正好站 N 人，如果在方阵的外面再增加 2 层，需要增加多少人？设 N 为每边站的人数，s 为增加的总人数。请编写程序解决问题。

1. 分析问题

如果在外面增加两层，如图 14-7 所示，每增加一层，则每边的人数增加 2 人。由外层的计算公式可知 $s=N\times 4-4$，则每层增加人数为 $s=N\times 4-4$。

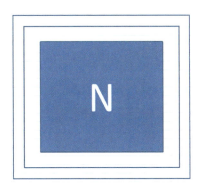

图 14-7　方阵的变换

2. 设计算法

算法流程如图 14-8 所示。

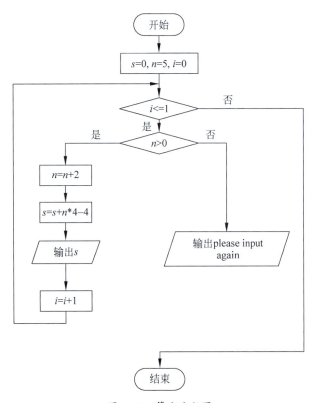

图 14-8　算法流程图

MakeCode与计算思维

3. 编写程序

根据算法编写程序，如图 14-9 所示。

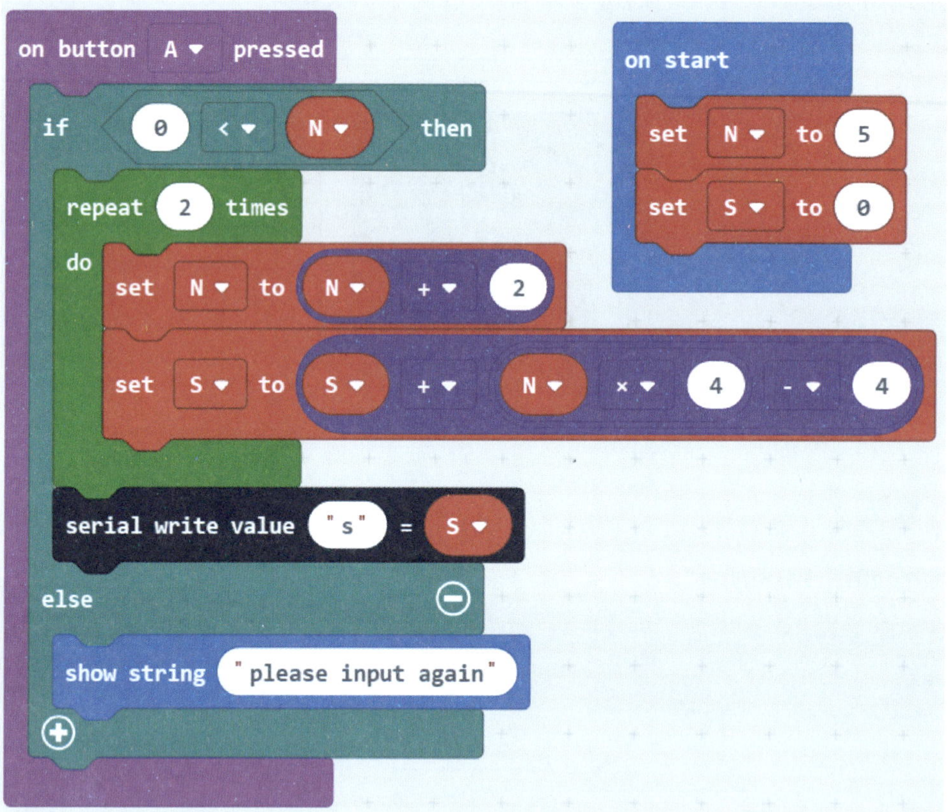

图 14-9　完整的程序

4. 解决问题

修改 N 值运行程序将结果记录在表 14-2 中。

表 14-2　记录表

序号	N	运行结果
1	0	
2	1	
3	3	
4	6	
5	9	

第14课　方阵问题

14.3 挑战任务——发散思维

小意带着舞蹈小组排成一个 M 层空心方阵,最外层每边有 N 人,小意带领的这个舞蹈方阵共有多少人?设 N 为每边站的人数,M 为空心方阵层数,S 为总人数。请编写程序解决问题。

1. 分析问题

1)方案1

计算出同 M 层空心方阵的每一层人数,然后将其相加。

$S1=N*4-4$

$S2=(N-2)*4-4$

$S3=(N-4)*4-4$

⋮

$SM=(N-2*(M-1))*4-4$

$S=S1+S2+S3+\cdots+SM$

2)方案2

如果把中间空心部分填满,是每边为几的实心方阵。用大方阵减去小方阵,即可得到空心方阵的总点数。

很显然方案2的思路比方案1要简单很多,我们选用方案2来进行求解。

2. 设计算法

定义变量 M、N、S 并设定初始值。

大方阵的人数为 $N*N$。

小方阵的人数为 $(N-M*2)*(N-M*2)$。

$S=N*N-(N-M*2)*(N-M*2)$。

串口输出 S 的值。

3. 编写程序

此任务表达式的编写较为复杂,分解后如图14-10所示,完整的程序如图14-11所示。

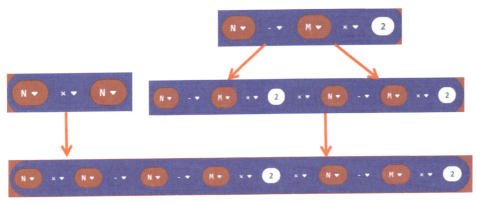

图 14-10 表达式分解

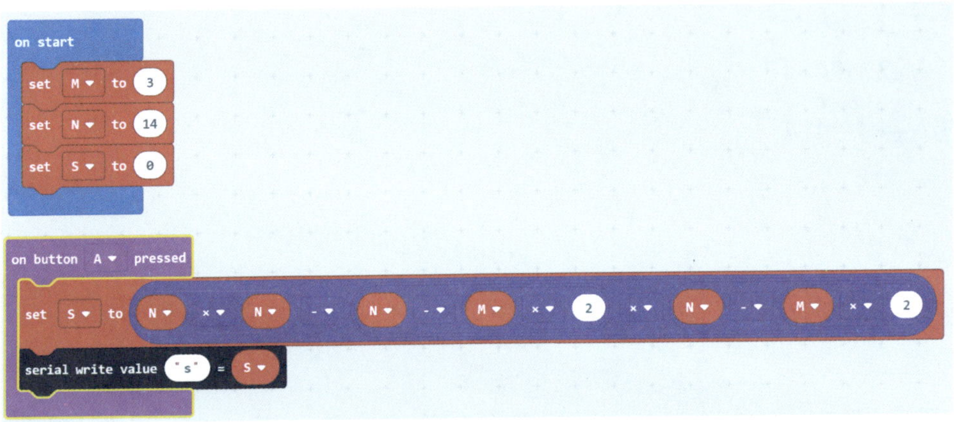

图 14-11 完整的程序

4. 解决问题

运行程序并将结果记录在表 14-3 中。

表 14-3 记录表

序号	M	N	S
1	0	3	
2	1	4	
3	5	4	

通过测试数据及记录,你得到什么结论,请根据结论修改上述程序。

【探索任务】

挑战任务中的两种解决方案,你认为哪种方案更快捷有效?为什么?

第 15 课 数 阵 问 题

15.1 基础任务——数阵问题 1

小意和小诺在玩数阵游戏,如图 15-1 所示。要求将 1~7 这 7 个数字分别填入下面的圆圈中,使得每条直线上的 3 个数字之和都等于 12。请编程解决该问题。

【知识链接】

自古以来,我国人民就喜欢数字游戏,其中填数阵就是其中之一。数阵图就是按一定规则把一些数字填在特定形状的图形中。

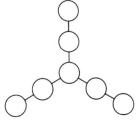

图 15-1 数阵问题 1

1. 分析问题

通过题目分析可知,中间圆圈中的数字是重复的,由于有 3 条线,所以中间的数重叠了两次。由此可以得到下面的等式:

1+2+3+4+5+6+7+ 重叠数 ×2= 每条线上的数字和 ×3

28+ 重叠数 ×2=12×3

重叠数 ×2=36−28

重叠数 =4

由于每条线上数字之和都是 12,12−4=8,所以每条线上剩下两个数字的和是 8。将余下的 1、2、3、5、6、7 分成和是 8 的三组分别填入图中就可以了。

所以问题就变成了先求重叠数字,然后找出剩下数字里两数相加等于 8 的数字。

2. 设计算法

定义一维数组变量 list,定义变量:n 代表该数组的数字的总和;x 代表数组中的每一个;k 代表重复数;a、b 代表每条线上的数字。

循环累加求和求出数组中数字和 n。

条件判断求出重复数字 k，从而得出其他两数之和 $12-k$。

循环判断找出数组中两数相加等于 $12-k$。

串口输出 a、b 的值。算法流程如图 15-2 所示。

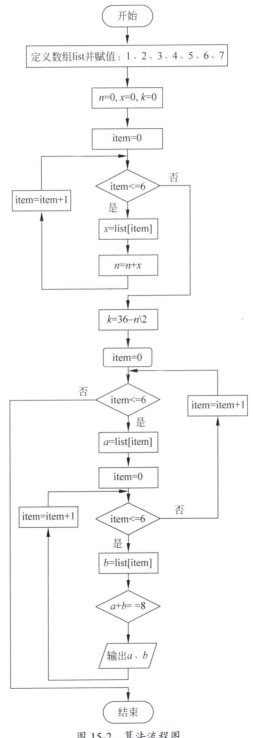

图 15-2 算法流程图

3. 编写程序

定义数组变量 list 来存放数字 1~7。定义变量 n、x、k、a、b 初值都为 0。具体程序如图 15-3 所示。

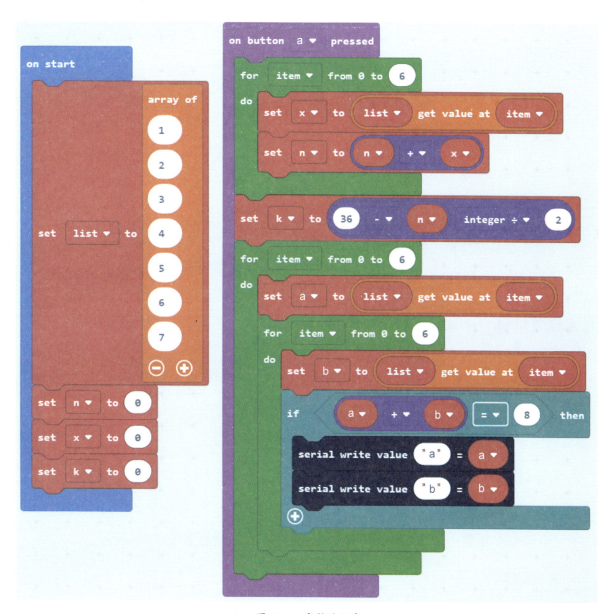

图 15-3 完整的程序

4. 解决问题

在模拟器上运行程序，从串口记录结果，无误后将 serial 语句替换为 show string 语句下载到 micro:bit 主控板，在 LED 屏上显示运行结果。

15.2 进阶任务——数阵问题 2

小意和小诺在玩数阵游戏,把数字 1~7 填入下面的圆圈中,使得每条直线上 3 个数字之和与每个圆上 3 个数字和都等于 12,如图 15-4 所示。

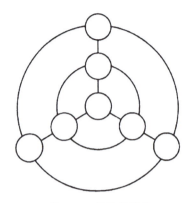

图 15-4 数阵问题 2

1. 分析问题

此任务和 15.1 节任务有很大的相似性,但区别在于重复数字的确定需要两个条件来确定。

(1)直线方向上有(12×3− 数组中所有数字和)÷2= 重复数字。

(2)圆形方向上有数组中所有数字和 −12×2= 重复数字。

从而得到判断重复数的条件:($36-n$)÷2=$n-24$。

2. 设计算法

定义一维数组变量 list,定义变量:n 代表该数组中的数字的总和;x 代表数组中的每一个;k 代表重复数;a、b 代表每条线上的数字。算法流程如图 15-5 所示。

3. 编写程序

完整的程序如图 15-6 所示。

4. 解决问题

在模拟器上运行程序,串口记录运行结果无误后,将 serial 语句替换为 show string 语句下载到 micro:bit 主控板,在 LED 屏上显示运行结果。

第15课 数阵问题

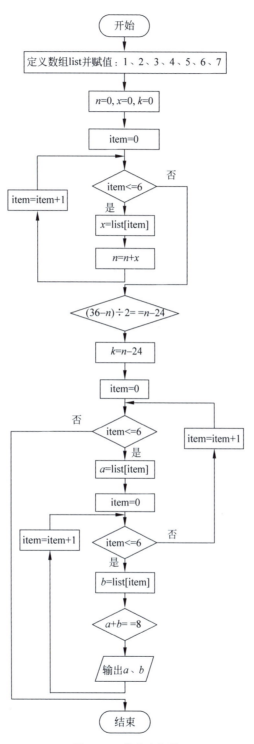

图 15-5 算法流程图

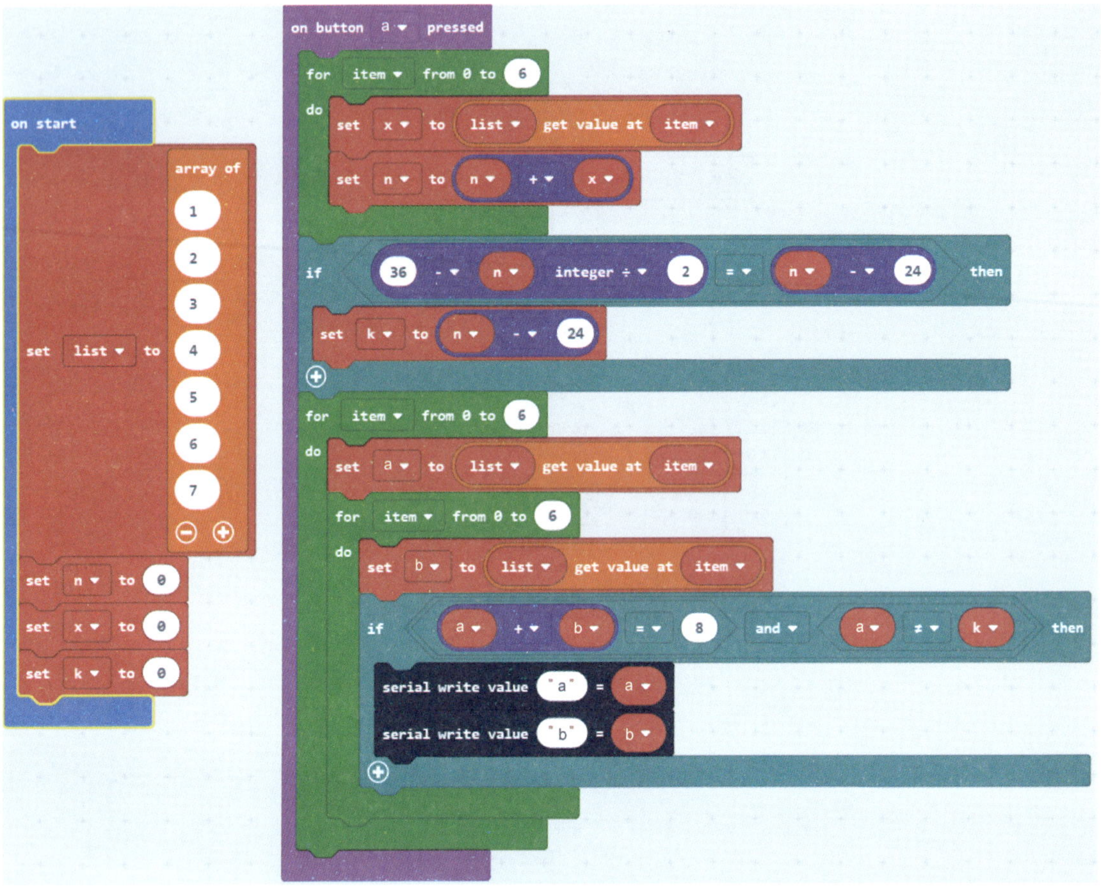

MakeCode与计算思维

图 15-6　完整的程序

【探索任务】

小意要将 1~5 这 5 个数字分别填入图 15-7 中，使得圆周上 4 个数字与每条直线上 3 个数字和相等。请编程帮小意解决该问题。

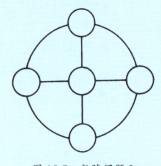

图 15-7　数阵问题 3

第16课 解析法解决问题

16.1 基础任务——鸡兔同笼问题

鸡兔同笼问题（见图 16-1）是中国古代数学名题之一，问题描述如下：有若干只鸡和兔在同一个笼子里，从上面数有 35 个头，从下面数有 94 只脚。问笼中各有多少只鸡和兔？编程解决该问题。

图 16-1 鸡兔同笼问题

【知识链接：解析法】

通过分析问题中各要素之间的关系，用最简练的语言或形式化的符号来表达它们的关系，得出解决问题所需的表达式，然后设计程序求解的过程称为解析法。

1. 分析问题

对于该问题，如果定义两个变量 r 和 c 分别代表兔子和鸡，用两个循环进行嵌套，并且同时满足条件 $r+c=35$ 和 $r \times 4+c \times 2=94$，找出符合条件的数字即可。这种方法效率较低，当然对于目前计算机的运行速度可以忽略。在这里我们使用解析法——抬脚法来解决该问题。

如果将笼子里的每只动物减去 2 只脚，剩下的是每只兔子的两只脚之和，再除以 2 就得到兔子的只数。怎么理解这种方法呢？请看如图 16-2 所示的抬脚法。

图 16-2 抬脚法

MakeCode与计算思维

假设所有的兔子和鸡都抬起两只脚,所有抬起的脚就是 35×2,剩下的脚都是兔子的,再除以 2 就得到兔子的数目了。

2. 设计算法

定义变量,r、c 分别代表兔子和鸡,初始值分别为 0;h、f 分别代表头和脚,初始值分别为 35 和 94。

数学表达式为

$$r=(f-2h)/2$$
$$c=h-r$$

算法流程如图 16-3 所示。

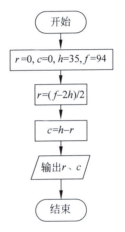

图 16-3　算法流程图

3. 编写程序

完整的程序如图 16-4 所示。

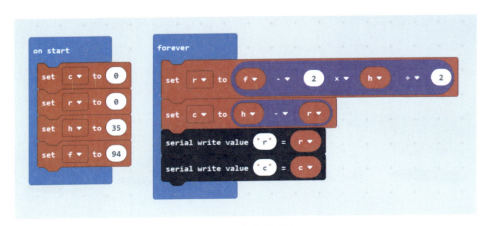

图 16-4　完整的程序

4. 解决问题

在模拟器上运行程序,串口记录运行结果无误后,将 serial 语句替换为 show string 语句下载到 micro:bit 主控板,在 LED 屏上显示运行结果。

16.2 进阶任务——潜在条件

还记得第 15.2 节中的探索任务吗?小意要将 1~5 这 5 个数字分别填入图中,使得圆周上 4 个数字和与每条直线上 3 个数字和相等。请编程帮小意解决该问题。

1. 分析问题

用解析法的思路,首先定义 5 个变量 A、B、C、D、E,假设 E 为图形中间的数字,依据题意可以得到下列表达式,如图 16-5 所示。

问题分析到这里可以得出 $E=5$,$A+B=C+D=5$,即不等于 0 的两数相加等于 5。

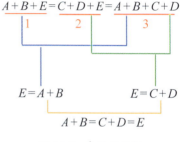

图 16-5　表达式分析

2. 设计算法

寻找取值范围为 0~4 的数字,使这两个数相加的和等于 5。算法流程如图 16-6 所示。

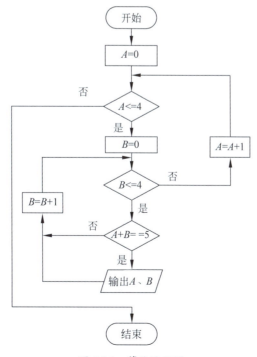

图 16-6　算法流程图

3. 编写程序

完整的程序如图 16-7 所示。

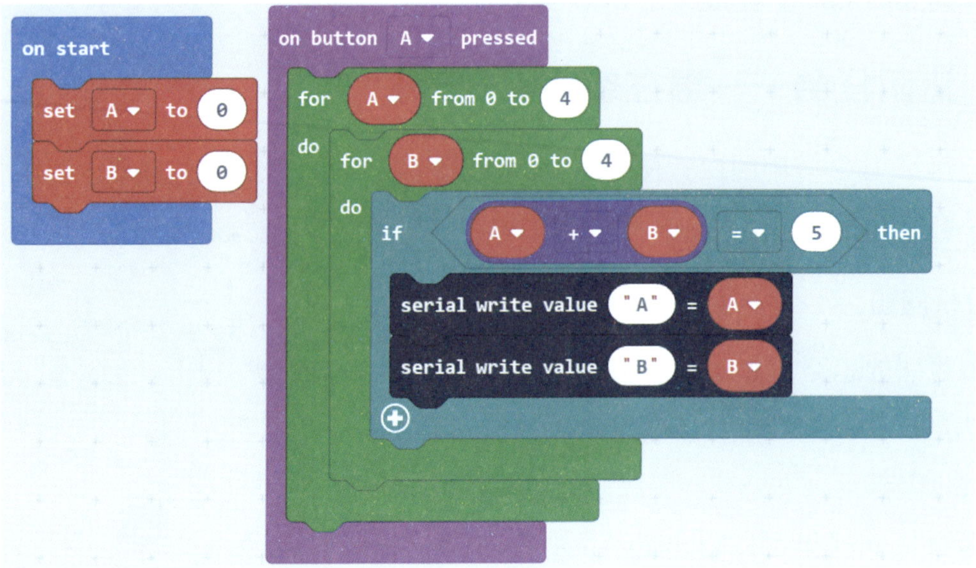

图 16-7 完整的程序

4. 解决问题

在模拟器上运行程序，串口记录结果。无误后将 serial 语句替换为 show string 语句下载到 micro:bit 主控板，在 LED 屏上显示运行结果。

16.3 挑战任务——小球落地

小球从 10 米高处自由下落，如图 16-8 所示，每次弹起高度是下落高度的 70%。当小球弹起的高度不足原高度的千分之一时，小球很快会停止跳动。编程计算小球在整个弹跳过程中所经历的总路程。

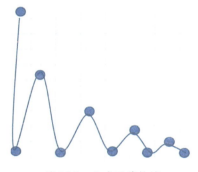

图 16-8 小球下落轨迹

1. 分析问题

小球的运动由多次的下落和弹起构成，但弹起的次数并不容易知道。小意把小球每次下落和弹起的路程列出，试图寻找一些规律，如表16-1所示。

表 16-1 下落弹起表

状态＼N	0	1	2	3	…
下落	10	7	4.9	3.43	…
弹起		10×70%=7	7×70%=4.9	4.9×70%=3.43	

从表 16-1 可以看出，在最初下落距离 $D_0=10$ 米后，小球第 2 次下落的距离就是本次弹起的距离，而每一次弹起的距离等于上一次下落的距离的 70%，即

$$D_0=10，U_n=0.7D_{n-1}，D_n=U_n（n=1，2，3，…）$$

其中，U_n 为第 n 次弹起的距离；D_n 为第 n 次弹起后下落的距离。计算一直进行到第 m 次弹起和下落（$U_m \geqslant D_0/1000$，$U_m+1 < D_0/1000$），把它们相加，即可求出问题的解。

2. 设计算法

算法流程如图 16-9 所示。

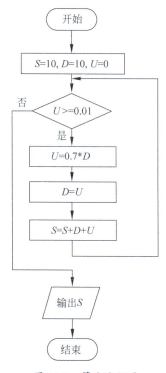

图 16-9 算法流程图

MakeCode与计算思维

3. 编写程序

完整的程序如图 16-10 所示。

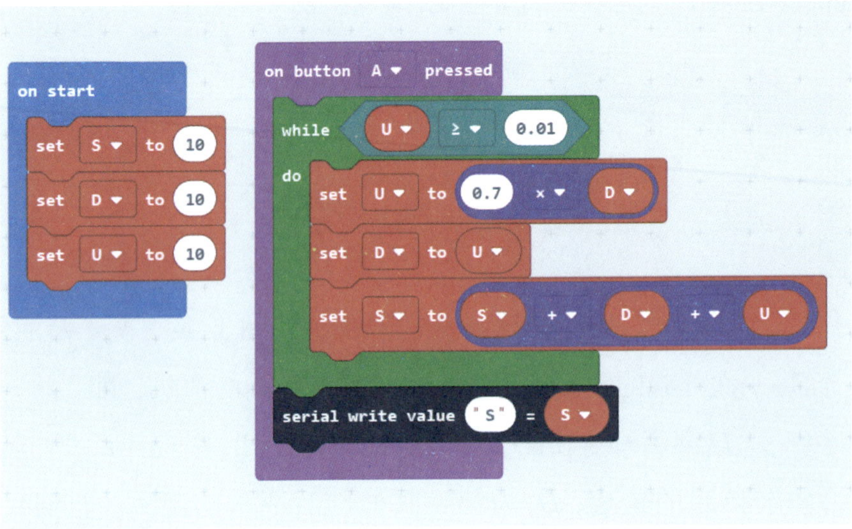

图 16-10　完整的程序

4. 解决问题

在模拟器上运行程序，记录程序运行结果。无误后将 serial 语句替换为 show string 语句下载到 micro:bit 主控板。在 LED 屏上显示运行结果。

> 【探索任务】
>
> "消消乐"是一款老少皆宜的益智类游戏，游戏规则是找出三张及以上相同且连在一起的牌就可以消除。请编程找出三位数中可以玩消消乐的数，即个位、十位与百位上的数字相同。

第17课 枚举法解决问题

17.1 基础任务——水仙花数

小意遇到了这样一道数学题：某三位数等于它每一位上数字的立方之和（如 $153=1^3+5^3+3^3$），称这类数为水仙花数。请编写程序找出1000以内所有的"水仙花数"。

> 【知识链接：枚举法】
>
> 枚举法是指利用计算机运行速度快的特点，对要解决问题中的所有可能答案一一列举并进行判断，满足条件的保留，不满足条件的丢弃，最后得到符合要求的答案。

1. 分析问题

利用枚举法从100开始到999，一个一个去判断是否满足"水仙花数"条件，如满足则显示。

2. 设计算法

算法流程如图17-1所示。

3. 编写程序

定义变量 n、a、b、c，n 的初始值为100，a、b、c 初始值为0，完整的程序如图17-2所示。

4. 解决问题

在模拟器上运行程序并记录结果，无误后将 serial 语句替换为 show string 语句下载到 micro:bit 主控板，在LED屏上显示运行结果。

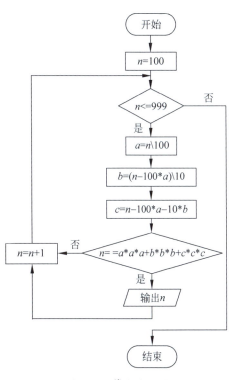

图17-1 算法流程图

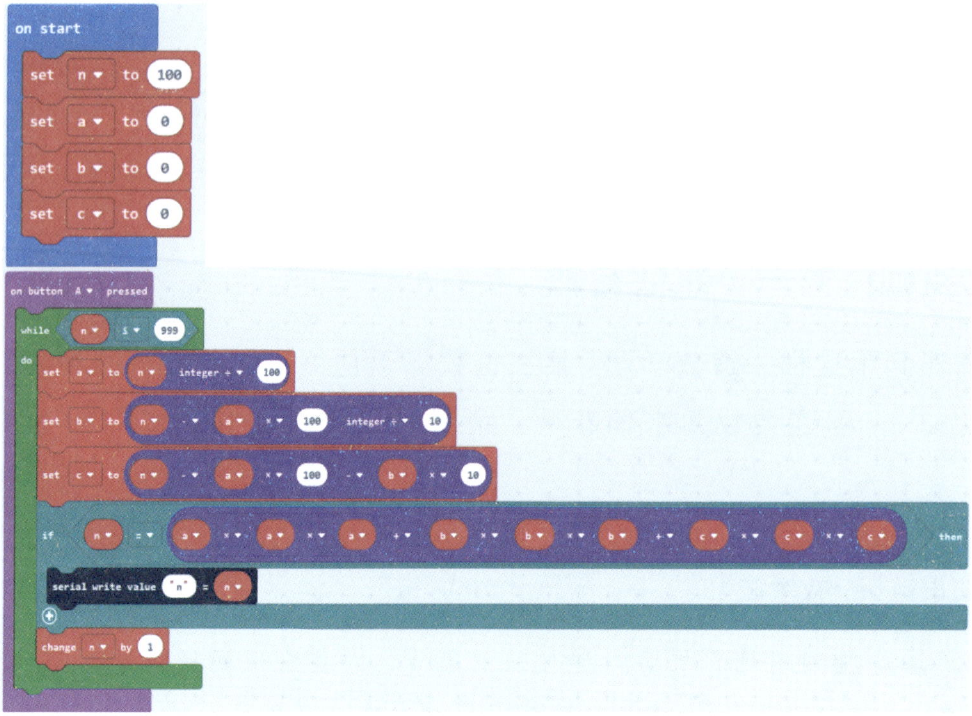

图 17-2 完整的程序

17.2 进阶任务——种树的数量

小意、小思、小诺 3 个环保小组利用节假日去栽树（见图 17-3），老师问 3 个小组各栽了多少棵树，小意回答 3 个小组栽树数量相乘的积是 30723，小意说自己组栽的树不到 100 棵，但比其他两组加起来还要多，栽树最少的组也超过 10 棵。

图 17-3 种树问题

1. 分析问题

a、b、c 是 3 个整数，$100 > a > b > c > 10$，$a \times b \times c = 30723$，且 $a > b+c$，确定 a、b、c 的值。解决这个问题从 $a \times b \times c = 30723$ 入手，把 30723 分解成 3 个正整数相乘的积，只能是有限情况，把这些情况列举出来，然后分析哪一种情况是符合条件的（$100 > a > b > c > 10$，且 $a > b+c$），从而找到答案（注意 3 个因子都大于 10，这可以减少工作量）。

2. 设计算法

设计枚举法的关键是如何列举所有可能情况，绝不能遗漏且不能重复。在列举中注意变量变化，这样可以减少工作量。我们可以从最小的变量 c 入手，让它从 10 开始变化，但是变化到哪里为止呢？粗略估算，3 个数相乘的积是 30723，最小的 c 不会超过积的立方根。当 c 值产生了就可以处理 b，因为 b 不小于 c，所以让 b 从 c 开始，变化到 30723 的平方根。有了 c 和 b 的值以后，就要判断它们的乘积是否是 30723 的因子。如果是，就计算出第三个因子 a，然后判断 a 是否大于 b+c，并且小于 100。若满足条件，则得到答案。算法流程如图 17-4 所示。

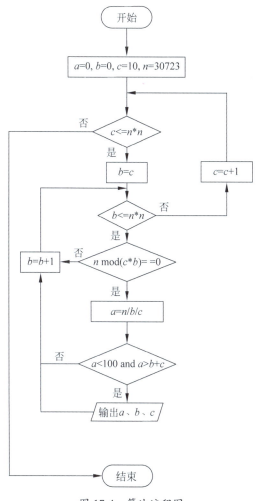

图 17-4　算法流程图

3. 编写程序

完整的程序如图 17-5 所示。

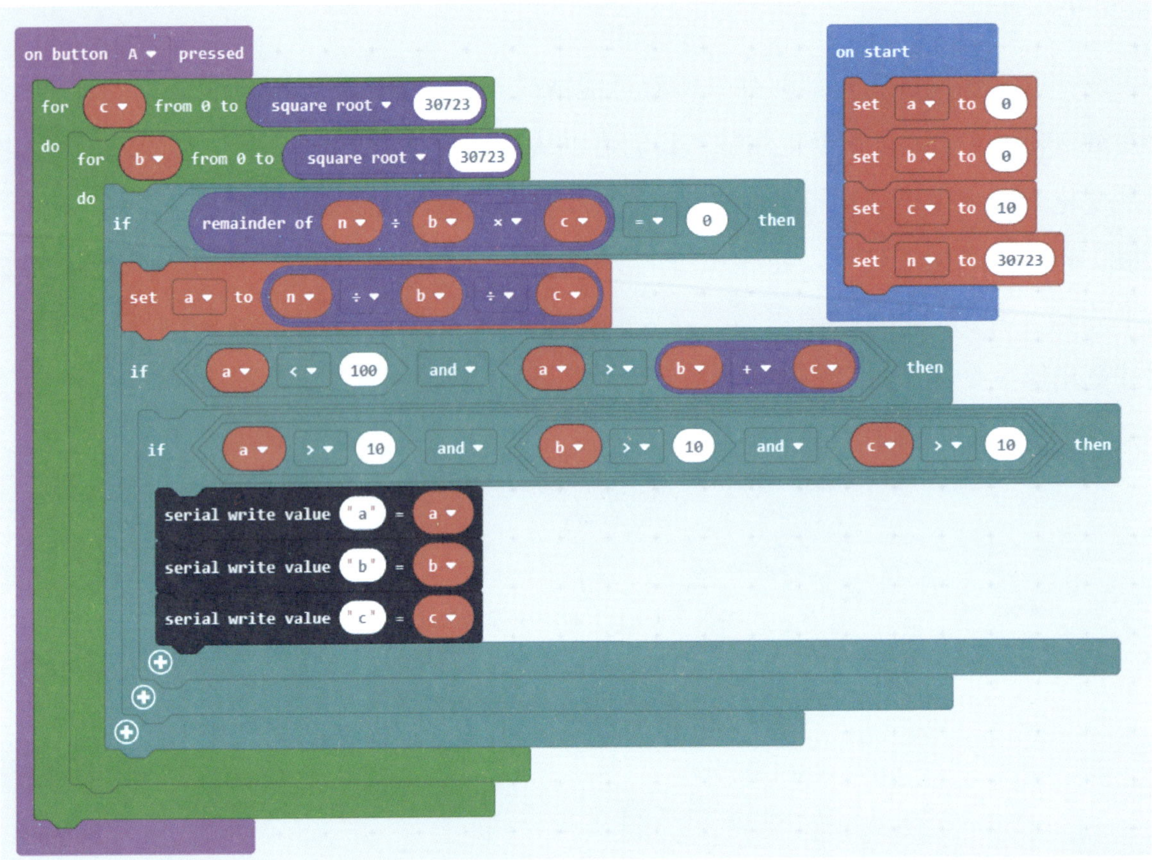

MakeCode与计算思维

图 17-5　完整的程序

4. 解决问题

记录程序运行结果有几组，每组的答案是什么？

17.3　挑战任务——纸币问题

有 1 元、2 元和 5 元的纸币（假设纸币足够多），从这些纸币中取出 30 张，每一种面值都必须要有，使其总面值为 100 元，问有多少种取法，并输出每种取法的各面值纸币张数。

1. 分析问题

在本任务中，有三种面额的纸币，纸币总张数是 30 张，应该如何穷举呢？经分析可以知道，当有两种面额的纸币数目确定以后，可以从总张数 30 张确定第三种纸币的张数，然后由总面额是否为 100 元判断这个组合是否符合要求。

2. 设计算法

用变量 one、two、five 分别记录 1 元、2 元、5 元的张数。变量 answer 记录符合条件的解的数目。为了增加程序的通用性，我们对要求的纸币张数 30 和面额的总数 100 进行穷举，算法流程如图 17-6 所示。

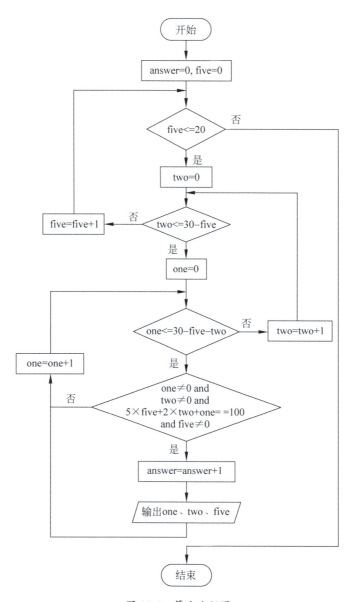

图 17-6　算法流程图

3. 编写程序

完整的程序如图 17-7 所示。

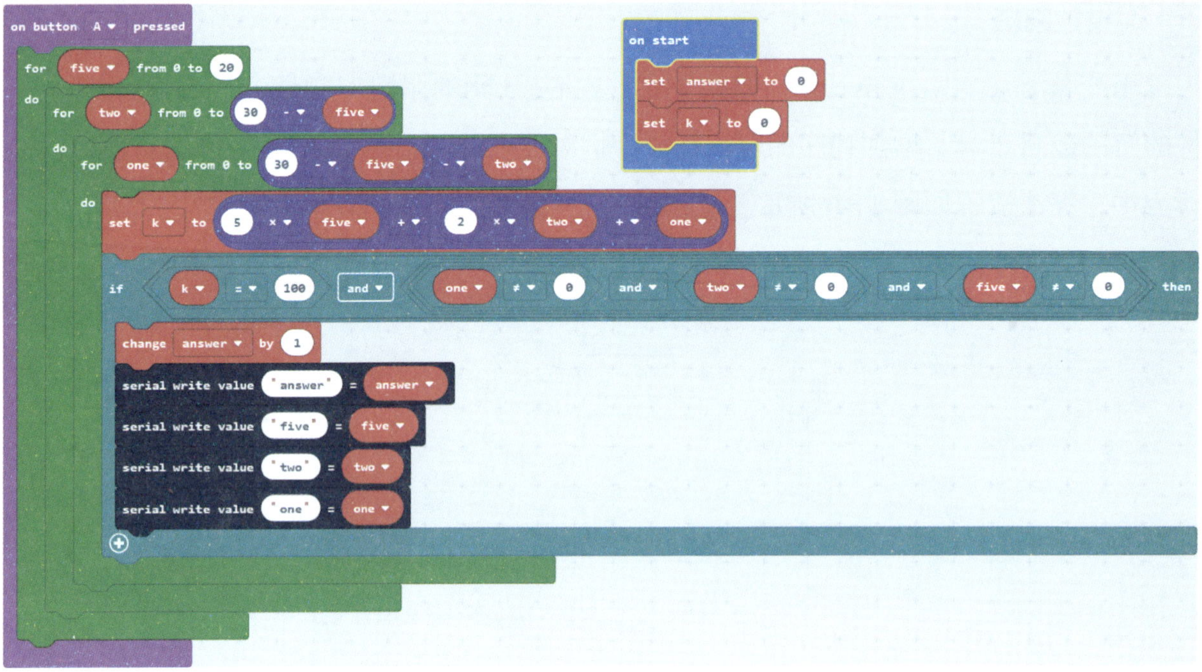

MakeCode与计算思维

图 17-7 完整的程序

4. 解决问题

记录程序运行结果有几组，每组的答案是什么？

【探索任务】

A、B、C、D 四人中有一个是小偷，已知四人中有一人说了假话，请根据四人的供词判断谁是小偷。

A：我不是小偷。B：C 是小偷。C：D 是小偷。D：我不是小偷。

请编写程序，找出谁是小偷。

第18课 迭代法解决问题——最大公约数和最小公倍数

小意在做数学题时遇到这样一个问题：求 24 和 36 的最大公约数和最小公倍数，如图 18-1 所示。

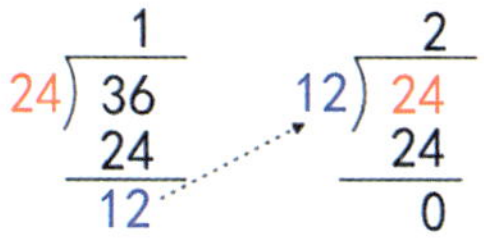

图 18-1 最大公约数

【知识链接：最大公约数】

几个整数公有的约数叫作这几个数的公约数；其中最大的一个叫作这几个数的最大公约数。例如：12、16 的公约数有 1、2、4，其中最大的一个是 4，即 4 是 12 与 16 的最大公约数，一般记为（12，16）=4。12、15、18 的最大公约数是 3，记为（12，15，18）=3。

【知识链接：迭代法】

迭代法是一种不断用变量的旧值递推新值的过程，跟迭代法相对应的是直接法（或者称为一次解法），即一次性解决问题。迭代算法是用计算机解决问题的一种基本方法，它利用计算机运算速度快、适合做重复性操作的特点，让计算机对一组指令（或一定步骤）进行重复执行，在每次执行这组指令（或这些步骤）时，都从变量的原值推出它的一个新值。比较典型的迭代法如二分法和牛顿迭代法属于近似迭代法。

1. 分析问题

辗转相除法又名欧几里得算法（Euclidean Algorithm），它是求最大公约数的一种方法，其具体做法是：用较小数除较大数，再用出现的余数（第一余数）去除除数，再用出现的余数（第二余数）去除第一余数，如此反复，直到最后余数是 0 为止。如果是求两个数的最大公约数，那么最后的除数就是这两个数的最大公约数。

2. 设计算法

算法流程如图 18-2 所示。

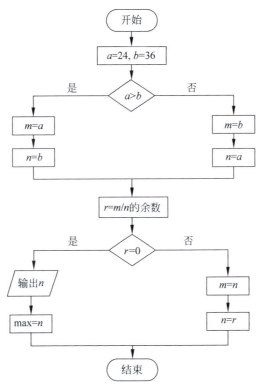

图 18-2　算法流程图

3. 编写程序

完整的程序如图 18-3 所示。

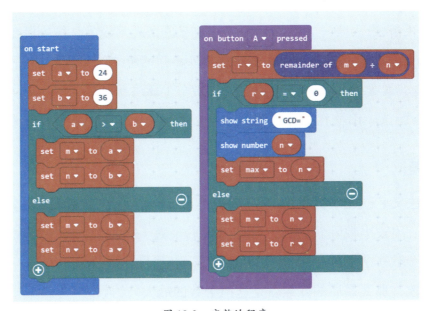

图 18-3　完整的程序

第18课 迭代法解决问题——最大公约数和最小公倍数

4. 解决问题

第一组：输入测试数据 a=24，b=36，记录运行结果。

第二组：输入测试数据 a=36，b=24，记录运行结果。

第三组：输入测试数据 a=5，b=8，记录运行结果。

第四组：输入测试数据 a=13，b=8，记录运行结果。

将程序下载到 micro:bit 主控板，在 LED 屏上显示运行结果。

> 【知识链接：最小公倍数】
>
> 几个自然数公有的倍数叫作这几个数的公倍数，其中最小的一个自然数叫作这几个数的最小公倍数。例如：4 的倍数有 4、8、12、16、…，6 的倍数有 6、12、18、24、…，4 和 6 的公倍数有 12、24、…，其中最小的是 12，一般记为 [4，6]=12。最小公倍数为它们的乘积除以最大公约数。

根据分析我们可以很容易得出最小公倍数的求法。这里不再详细分析，完整的程序如图 18-4 所示。

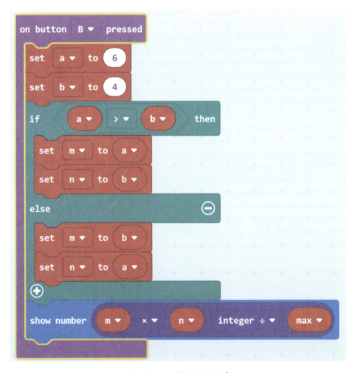

图 18-4　完整的程序

107

【探索任务】

素数是一个大于1的自然数，除了1和它本身，不能被其他自然数整除。如2、3、5、7、11、13、17等是素数，4、6、8、9、10、12、14、15等不是素数而是合数，而1既不是素数也不是合数。编程判断数字 n 是否为素数。

第 19 课　ISBN 码问题

每本正式出版的图书都有一个 ISBN 码与之对应，如图 19-1 所示。ISBN 码包括 9 位数字、1 位识别码和 3 位分隔符，其固定格式为 X-XXX-XXXXX-X，其中符号 - 是分隔符，最后一位是识别码。例如，0-670-82164-4 就是一个标准的 ISBN 码。ISBN 码首位数字表示书籍的出版语言，例如，0 代表英语；后面三位代表出版社，例如 670 代表维京出版社，第二个分隔符后的 5 个数字代表该书在出版社的编号；最后一位数字代表识别码。请你编写程序判断输入的 ISBN 识别码是否正确，如果正确，输出 right；否则给出正确的识别码。

图 19-1　ISBN 码问题

【知识链接：识别码的计算方法】

首位数字乘以 1，加上次位数字乘以 2，以此类推，用所得结果 mod 11 所得的余数为识别码，如果余数为 10，则识别码为大写的 X。例如 ISBN 码 0-670-82164-4 识别码就是 4，即 0*1+6*2+…+2*9=158，然后 158 mod 11 的结果为 4 作为识别码。

1. 分析问题

本任务实际上是 ISBN 码的校验问题，通过计算公式来计算出识别码，再同真实的识别码比较，如果通过公式计算的识别码为 10，则识别码为大写 X，其余如果计算公式所得识别码与识别码符合，则输出 right；否则修改输出正确的 ISBN 码。

2. 设计算法

算法流程如图 19-2 所示。

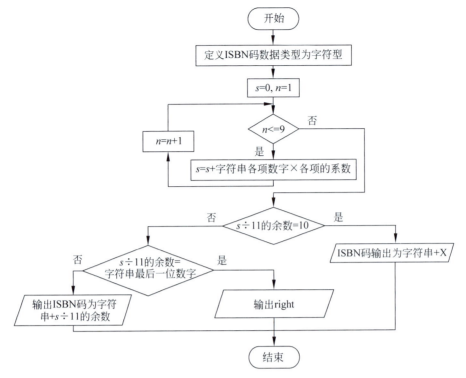

图 19-2 算法流程图

3. 编写程序

完整的程序如图 19-3 所示。

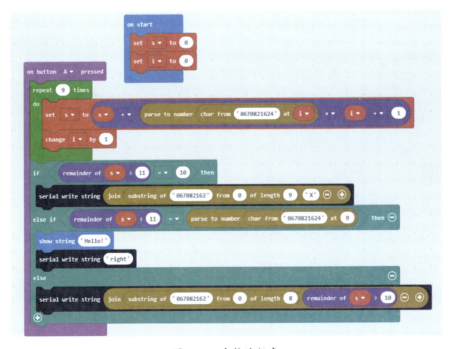

图 19-3 完整的程序

第19课 ISBN码问题

4. 解决问题

第一组：输入测试数据 0-670-8212624，记录得到的结果。

第二组：输入测试数据 0-670-8212622，记录得到的结果。

将程序下载到 micro:bit 主控板，在 LED 屏上显示运行结果。

【探索任务】

在数学中有些数字存在这样的特征：n 为任意自然数，将 n 各个数位上的数字反向排列所得的自然数 m，若 $m=n$，则 n 为回文数。例如，1234321 是回文数，1234567 不是回文数。请编写判断 n 是否为回文数的程序。

第 20 课　角谷猜想问题

角谷猜想是指对任意一个正整数，如果是奇数，则乘 3 加 1；如果是偶数，则除以 2。得到的结果再按照上述规则重复处理，最终都能得到 1，如图 20-1 所示。请编程验证角谷猜想，在串口显示出所经历的数字。

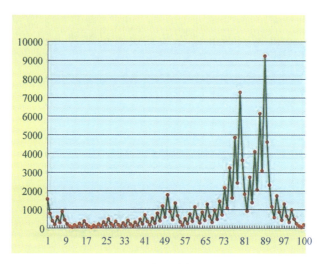

图 20-1　角谷猜想问题

【知识链接：角谷猜想的来历】

1976 年的一天，《华盛顿邮报》在头版头条报道了一条数学新闻。文中记叙了这样一个故事：70 年代中期，美国各所名牌大学校园内，人们都废寝忘食地玩一种数学游戏。这个游戏十分简单，任意写出一个自然数 N，并且按照以下的规律进行变换。

如果是一个奇数，则下一步变成 $3N+1$。

如果是一个偶数，则下一步变成 $N/2$。

为什么这种游戏的魅力经久不衰呢？因为人们发现，无论 N 是怎样一个数字，最终都无法逃脱回到谷底 1。准确地说，是无法逃出落入底部的 4-2-1 循环，永远也逃不出这样的"宿命"。这就是著名的"冰雹猜想"，又称角谷猜想（因为这是一个名叫角谷的日本人把它传到中国的）。

1. 分析问题

此任务是一道验证题，输入一个正整数，判断该数是奇数还是偶数，然后分别对其进行处理，奇数乘 3 加 1，偶数除以 2，得到的结果再重复上述过程。很显然是用循环结构来解决，但是具体用哪种循环呢？因为题目的条件是要验证角谷猜想，最终会回到 1，所以循环执行的条件是：大于 1 且不等于 1。我们选择 while 循环来解决问题。

2. 设计算法

（1）设定变量 num 为输入的数字。

（2）设定循环执行的条件 num ＞ 1 and num ≠ 1。

（3）条件判断奇、偶数。

（4）分奇、偶数情况对变量 num 进行处理。奇数时 num=num×3+1；偶数时 num=num÷2。

（5）输出结果。

算法流程如图 20-2 所示。

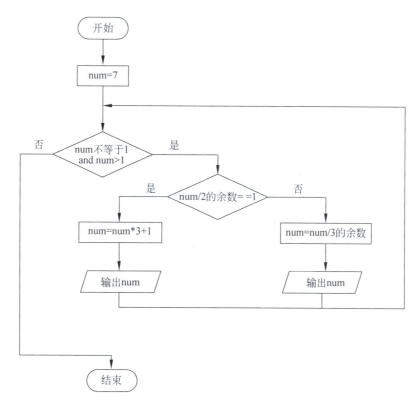

图 20-2　算法流程图

3. 编写程序

完整的程序如图 20-3 所示。

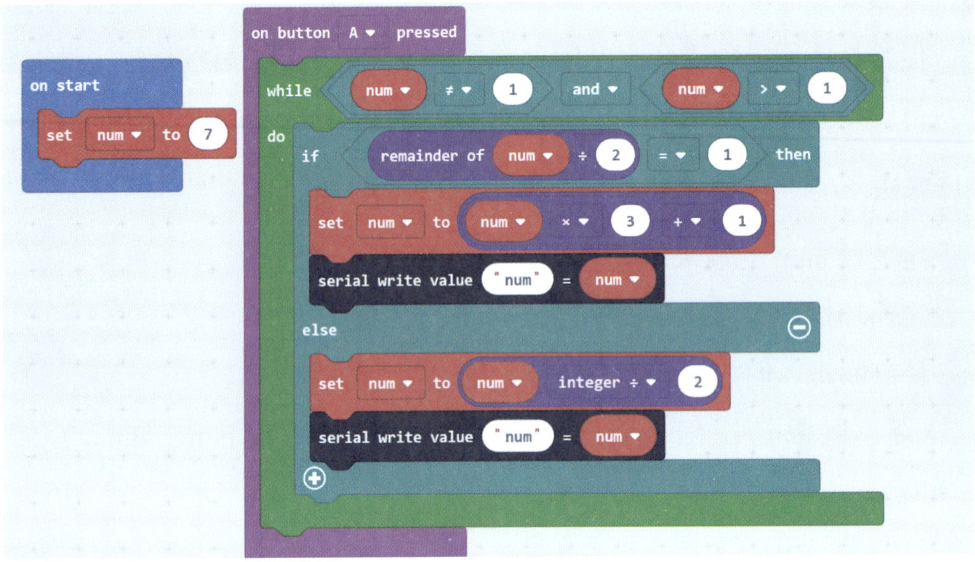

图 20-3 完整的程序

4. 解决问题

将编写好的程序下载到 micro:bit 主控板，单击编程界面中的按钮 A 后，在模拟器下方出现 ![Show console Simulator] 按钮，单击该按钮，打开串口监视器即可看见运行结果，如图 20-4 所示。

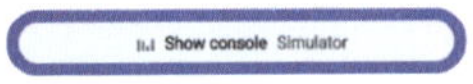

图 20-4 模拟器界面

第20课 角谷猜想问题

通过串口监视器记录结果如下。

```
num:22
num:11
num:34
num:17
num:52
num:26
num:13
num:40
num:20
num:10
num:5
num:16
num:8
num:4
num:2
num:1
```

【探索任务】

请修改 num 的值分别为 6、5、4 并记录角谷猜想的历程,与 num=7 时的历程进行对比分析,你能否总结一些规律。

num=6 时角谷猜想进行历程如下:_____。

num=5 时角谷猜想进行历程如下:_____。

num=4 时角谷猜想进行历程如下:_____。

第 21 课　国王的金币问题

国王发金币给忠诚的士兵。第 1 天士兵收到 1 枚金币；之后两天（第 2 天和第 3 天）士兵收到 2 枚金币；之后三天（第 4~6 天）士兵每天收到 3 枚金币；之后四天（第 7~10 天）士兵每天收到 4 枚金币……这种工资发放模式会一直延续下去。当连续 n 天，每天收到 n 枚金币后，士兵会在 $n+1$ 天每天收到 $n+1$ 枚金币。请编程，计算在 n 天里士兵收到的金币数（见图 21-1 及表 21-1）。

图 21-1　国王的金币

表 21-1　金币发放情况

天 金币	1	2和3	4	5	6	7	8	9	10	11	…
金币数	1	2	3	3	3	4	4	4	4	5	5
合　计	1	5	8	11	14	18	22	26	30	35	40

1. 分析问题

发放金币有两种情况，第一种情况是发放金币正好完成一个完整的周期，例如"之后三天"正好发放到第 6 天；第二种情况是没有完成一个完整的周期，例如，发放到第 5 天。但不管什么情况，只要满足条件 $i \leqslant n$（i 为发放到的天数，n 为实际要发放的天数），就可以执行发放。i 为循环变量发到多少天，k 为每个阶段发放金币的数量。例如第一阶段 k 为 1，第二阶段 k 为 2，第三阶段 k 为 3，那么在这个阶段里又是个循环结构，用 for 循环来解决，同时要满足条件 $i \leqslant n$，因为不一定能把这个阶段的金币都发放完全。

2. 设计算法

定义变量，s 为发放的总金币数，初值为 0；i 为实际发放的天数，初值为 1；k 为发放到的阶段数，初值为 1；n 为要发放的天数。算法流程如图 21-2 所示。

第21课　国王的金币问题

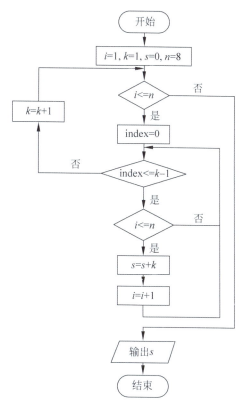

图 21-2　算法流程图

3. 编写程序

完整的程序如图 21-3 所示。

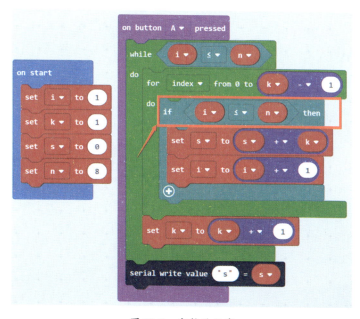

图 21-3　完整的程序

117

4. 解决问题

在模拟器上运行程序，串口记录运行结果无误后，将 serial 语句替换为 show string 语句并下载到 micro:bit 主控板。按下按钮 A：

（1）以表中数据修改 n 的值记录结果。

（2）小意修改上述程序，将方框处的 if 判断删除后输入表中数据修改 n 的值并记录结果，通过对比小意发现有些结果不对，请你思考为什么要保留这条语句。

【探索任务】

一个有规律的数列，其前 6 项分别是 1，3，7，15，31，63，⋯，请找出数列的规律，并编程输出这个数列的前 30 项。

参考文献

[1] 加雷斯·哈尔法克里.BBC micro:bit 官方学习指南 [M].于峰,译.北京:机械工业出版社,2018.

[2] Wolfram Donat. 爱上 micro:bit 零基础玩转 BBC micro:bit[M]. 于欣龙,译.北京:人民邮电出版社,2018.